Aus Natur und Geisteswelt
Sammlung wissenschaftlich-gemeinverständlicher Darstellungen

675. Band

Pflanzenkunde

Pilze und Flechten

Von

Dr. Wilhelm Nienburg

Mit 88 Abbildungen im Text

Springer Fachmedien Wiesbaden GmbH 1921

ISBN 978-3-663-15283-5   ISBN 978-3-663-15851-6 (eBook)
DOI 10.1007/978-3-663-15851-6

Schutzformel für die Vereinigten Staaten von Amerika:
Copyright 1921 by Springer Fachmedien Wiesbaden
Ursprünglich erschienen bei B. G. Teubner in Leipzig 1921.
Softcover reprint of the hardcover 1st edition 1921

Alle Rechte, einschließlich des Übersetzungsrechts, vorbehalten.

Vorwort.

Dies Bändchen „Pilze und Flechten" gehört zu einer Reihe, die nach den Absichten des Verlages das Gesamtgebiet der Botanik in allgemeinverständlicher Form, aber nach rein wissenschaftlichen Gesichtspunkten behandeln soll. Es schien mir deshalb nötig, den Hauptwert auf eine exakte Darstellung der Morphologie und Entwicklungsgeschichte zu legen und dabei auch die neuesten Ergebnisse der Pilzforschung, die so viele wichtige Tatsachen zutage gefördert hat, zu berücksichtigen. Der Leser wird deshalb manche Dinge hier finden, die in den üblichen Lehrbüchern gar nicht behandelt oder nur gestreift werden. Die Physiologie und Ökologie brauchte dabei nicht vernachlässigt zu werden. Auch die Bedeutung der Pilze und Flechten für die Praxis, ihr Schaden und Nutzen, wurde, soweit es der Raum erlaubte, hervorgehoben. Was man dagegen hier nicht suchen darf, ist Belehrung in der Bestimmung einzelner Pilze oder Flechten, oder in der speziellen Behandlung einzelner Pflanzenkrankheiten, obwohl auch auf die wissenschaftlichen Grundlagen der Bekämpfung von Pilzschädlingen eingegangen ist.

Auch wenn man überflüssige Fremdworte zu vermeiden sucht, läßt sich bei einer derartigen Darstellung die Benutzung zahlreicher fremdsprachlicher Fachausdrücke nicht umgehen. Um sie jedermann verständlich zu machen, habe ich an der Stelle ihres ersten Vorkommens regelmäßig ihre Ableitung gegeben. Nach dem Sachregister sind diese Stellen immer leicht wieder aufzufinden.

Frohnau bei Berlin, 1. März 1920.

Wilhelm Nienburg.

Inhaltsverzeichnis.

Pilze.

I. Allgemeiner Teil . . 5
Umgrenzung 5
1. Physiologische Charakteristik. 5
2. Charakteristik der Vegetationsorgane 7
   a) Hyphe 7
   b) Myzel 10
   c) Haustorien 11
   d) Sproßmyzel 12
3. Die Fortpflanzungsorgane 12

II. Spezieller Teil . . . 13
1. Phycomycetes, Algenpilze 13
   a) Oomycetes, Eipilze 13
      Monoblepharidaceae 14
      Saprolegniaceae . 17
      Peronosporaceae . . 20
   b) Zygomycetes, Jochpilze 26
      Mucoraceae . . . 28
      Entomophtoraceae . 33
2. Ascomycetes, Schlauchpilze. 34
   a) Plectascineae,
      Flechtschlauchpilze . 44
      Aspergillaceae . . 44

   b) Perisporineae, Mehltaupilze 45
      Erysiphaceae 45
   c) Pyrenomycetes, Kernpilze 47
      Hypocreaceae 48
      Sphaeriaceae 50
   d) Discomycetes, Scheibenpilze 51
      Pezizaceae 52
      Helotiaceae 52
      Helvellaceae 53
   e) Tuberineae, Trüffelpilze 53
   f) Exoascineae, Außenschlauchpilze 53
   g) Saccharomycetes, Hefepilze 55
3. Basidiomycetes, Basidienpilze. 58
   a) Ustilagineae, Brandpilze 58
   b) Uredineae, Rostpilze . . 64
   c) Autobasidiomycetes . . 76
      Exobasidineae 83
      Plectobasidineae . . . 83
      Gasteromycetes . . . 84
      Hymenomycetes . . . 86

III. Mykorrhiza 91

Flechten.

1. Vergleich zwischen Pilzen und Flechten 92
2. Die Komponenten 94
3. Aufbau und Wachstum des Thallus 94
4. Die Beziehungen zwischen Hyphen und Algen . . . 98

5. Die Vegetationsorgane . . 101
6. Die Fortpflanzungsorgane . 105
7. Die Lebenserscheinungen . . 111
8. Geographische Verbreitung und systematische Gliederung 116

Sachregister 118

Die Pilze.

I. Allgemeiner Teil.

Umgrenzung. Die Pilze bilden denjenigen großen Stamm des Pflanzenreiches, den man am leichtesten in kurzen, auch für den Laien verständlichen Worten charakterisieren kann. Gehören doch fast alle pflanzlichen Organismen zu ihnen, die der schönen grünen Farbe entbehren, welche unser Auge überall in Wald und Feld so wohltuend berührt. Allerdings gibt es, wie von jeder Regel, auch von dieser einige Ausnahmen. Da ist einerseits die große Gruppe der Flechten, die echte Pilze sind, obwohl sie Blattgrün enthalten. Sie unterscheiden sich in ihrer Lebensweise und auch in ihrer Gestalt ganz prinzipiell von den übrigen Pilzen, und wir wollen sie deshalb einstweilen ganz außer Betracht lassen, um am Schluß ausführlich auf sie zurückzukommen. Andererseits gibt es auch Pflanzen, die nicht grün, aber dabei doch keine Pilze sind. Dazu gehören einmal die Bakterien, die winzigen Organismen, von denen manche als Krankheitserreger allgemein bekannt sind, und außerdem einige höhere Pflanzen, die auf anderen Gewächsen schmarotzen, wie Schuppenwurz oder Hanfwürger.

1. Physiologische Charakteristik.

Es ist kein Zufall, daß die eben genannten Schmarotzerpflanzen mit den Pilzen in bezug auf das mangelnde Blattgrün übereinstimmen. Die gemeinsame Ursache liegt nämlich bei beiden Gruppen in der Lebensweise. Es darf wohl als bekannt vorausgesetzt werden, daß die Schmarotzerpflanzen deshalb auf die Ausbildung des grünen Blattfarbstoffes verzichten können, weil sie ihre Baustoffe fix und fertig von ihren Wirtspflanzen beziehen. Ähnlich ist es mit den Pilzen. Viele sind echte Parasiten, die lebende Pflanzen oder Tiere befallen und ihnen ihre Nahrungssäfte entziehen. Die anderen, die keine eigentlichen Schmarotzer sind, bauen sich auch nicht, wie es die grünen Pflanzen mit Hilfe ihres Blattfarbstoffes tun, aus der Kohlensäure der Luft und dem Wasser selbständig organische Verbindungen auf, sondern verschaffen sich diese, die sie für ihr Leben unbedingt brauchen, sozusagen aus zweiter Hand, indem sie organische Nährstoffquellen ausnutzen, die von anderen grünen Pflanzen erzeugt und nach ihrem Tode als faulende und verwesende Masse zurückgelassen sind. Man spricht deshalb von der metatrophen (metá gr. = mit jemandes Hilfe und trophé gr. = Ernährung) Ernährung der Pilze (und vieler Bakterien) im Gegensatz zu der autotrophen (autós gr. = allein) Ernährung der grünen Pflanzen, und die zuletzt genannten Pilze, die sich von toten organischen Resten ernähren, unterscheidet man als Saprophyten (saprós gr. = faul und phytón gr. = Pflanze) von den lebende Organismen befallenden Parasiten. Diese metatrophe Lebensweise vereinfacht natürlich die ganze Ernährungsphysiologie der Pilze bedeutend, macht sie aber andererseits auch vollständig abhängig von den Organismen, die ihnen ihr Nährmaterial liefern. Vor allem gilt das für die Parasiten, die häufig an einen einzigen bestimmten Wirt gebunden sind, wofür wir später noch mancherlei Beispiele kennen lernen werden. Bei den Saprophyten ist das weniger auffallend, weil tote organische Substanz überall auf der Erde, wo Vegetation herrscht oder geherrscht hat, zu finden ist. Aber das ändert nichts daran, daß sie zu den grünen Pflanzen ungefähr in demselben Verhältnis stehen wie im menschlichen Leben die Konsumenten zu den Produzenten. Wie jene nicht leben können, ohne daß diese ihnen ihre Produkte zur Verfügung stellen, so können auch die saprophytischen Pilze nur dort fortkommen, wo sich von grünen Pflanzen produzierte Nährstoffe angesammelt haben. Deshalb können sie niemals die Rolle der Pioniere in der Pflanzenwelt spielen: Jungfräulicher Boden kann immer nur von autotrophen Organismen besiedelt werden, die organische Substanz aufbauen und dadurch Nahrung nicht nur für die Pilze, sondern auch für Tiere und Menschen liefern. Die große Aufgabe der Pilze im Kreislauf der Natur besteht im Gegensatz dazu im Abbau der organischen Substanz. Wenn sie nicht zusammen mit den meisten Bakterien die zahllosen Leichen der Pflanzen- und Tierwelt zersetzen und sie schließlich wieder in ihre Bestandteile zerlegen würden, so müßten sich jene nicht nur Berge hoch anhäufen, sondern es würde auch sehr bald durch die Aufspeicherung des Kohlenstoffs in den toten Pflanzenresten sich ein solcher Mangel an Kohlensäure in der Atmosphäre einstellen, daß das ganze pflanzliche und damit auch das tierische Leben überhaupt in Frage gestellt wäre.

2. Charakteristik der Vegetationsorgane.

Eine Folge der vereinfachten Ernährungsphysiologie der Pilze ist, daß auch ihr Vegetationssystem — also derjenige Teil des Körpers, der hauptsächlich der Ernährung und nicht der Fortpflanzung dient — sehr viel einfacher gestaltet sein kann als bei grünen Pflanzen. Denn es ist bei diesen ja nur deshalb so mächtig entwickelt, weil Blätter und Sprosse die große chemische Werkstatt darstellen, in der jene Stoffe ursprünglich erzeugt werden, die die Pilze nachher bloß auszunutzen brauchen. Die Aufgabe ihrer Vegetationsorgane besteht nur darin, die im Substrat vorhandenen Nährstoffe aufzunehmen. Das ist die Funktion, die bei höheren Pflanzen die Wurzeln übernehmen, wir werden uns also nicht wundern, wenn wir sehen, daß der ganze Vegetationskörper der Pilze eigentlich nur aus einem das Substrat durchziehenden Wurzelsystem besteht. Es ist ein Wurzelsystem der denkbar einfachsten Art und so zart, daß es sich bei den meisten Formen der Beobachtung leicht entzieht. Wenn wir z. B. im Walde einen Hutpilz pflücken, so bekommen wir damit nur seinen Fruchtkörper in die Hand, sein ganzer Vegetationskörper bleibt unsichtbar im Erdboden stecken.

a) **Hyphe.** Um sich vom Bau des Vegetationssystems eine klare Vorstellung zu verschaffen, geht man am besten von künstlichen Kulturen aus, die sich unter dem Mikroskop bequem untersuchen lassen. Wenn man z. B. die einzelligen Fortpflanzungskörper irgendwelcher Pilze, ihre sogenannten Sporen, auf einem durchsichtigen Substrat, etwa Gelatine, der noch die nötigen Nährstoffe zugesetzt sind, aussät, so sieht man sie schon nach wenigen Stunden keimen, d. h. es tritt ein Schlauch aus ihnen hervor (Abb. 1 I), der sich bald baumartig verzweigt. Die so entstandenen Fäden nennt man Hyphen (hyphé gr. = Gewebe), sie sind so dünn und zart, daß man sie einzeln mit bloßem Auge gar nicht erkennt. Sie sind von einer Membran umschlossen, die im jungen Zustande so dünn ist, daß sie auch bei den stärksten Vergrößerungen nur als ganz zarte Kontur zu erkennen ist. In chemischer Beziehung unterscheidet sich diese Membran ziemlich stark von den Zellulosemembranen der anderen Pflanzen, sonst aber gleicht sie ihnen völlig. Vor allem kann sie wie diese durch Einlagerung neuer Teile in die Länge und durch Auflagerung solcher in die Dicke wachsen. Dabei erfolgt das Längenwachstum

8 Die Pilze. I. Allgemeiner Teil

ausschließlich an der Spitze der jungen Hyphen, so daß etwas ältere Stücke höchstens noch in die Dicke wachsen können.

Die neuen Bausteine für das Membranwachstum werden durch das Protoplasma geschaffen, das die Hyphen als zähflüssige körnige Masse erfüllt (Abb. 1 I u. III p). Es ist eine aus komplizierten Eiweißverbindungen aufgebaute Substanz, die sich in den lebenden Zellen aller Organismen findet und als der eigentliche Träger des Lebens zu bezeichnen ist. Das Protoplasma erfüllt die Hyphe nicht als eine gleichförmige Masse, sondern es enthält mancherlei Einschlüsse. Besonders auffällig sind davon wasserhelle Tröpfchen (Abb. 1 I u. III v), die sogenannten Vakuolen (vacuus lat. = leer), die um so zahlreicher auftreten, je älter die Hyphe wird, so daß sie schließlich zu einem großen Tropfen zusammenfließen können, durch den das Protoplasma ganz an die Wand der Hyphe gedrängt wird. Die Vakuolen enthalten Nährstoffe in wässeriger Lösung. Weniger leicht bemerkbar, aber sehr wichtig sind andere blasenförmige Inhaltskörper des Protoplasma, die wir als Kerne zu bezeichnen pflegen. So deutlich wie sie in Abb. 1 I k und II zu sehen sind, treten sie nur auf, wenn man sie nach Abtötung der Hyphe mit gewissen Farbstoffen behandelt, im lebenden Zustande sind sie kaum zu erkennen. Die Bedeutung der Kerne beruht darin, daß es diejenigen Organe sind, die von Zelle zu Zelle und von Generation zu Generation die spezifischen Eigenschaften der Organismen weiterzugeben haben: Es sind die Träger der Vererbung. Es gibt keine Zelle und keine Pilzhyphe ohne die der Art eigentümlichen Kerne. Deshalb müssen sie sich dem Wachstum der Hyphen entsprechend vermehren. Diese Vermehrung erfolgt durch immer wiederholte Zweiteilung, bei der es darauf ankommt, daß der Inhalt möglichst gleichmäßig auf die beiden Tochterkerne verteilt wird, damit jeder von ihnen wieder die gleichen Eigenschaftsträger

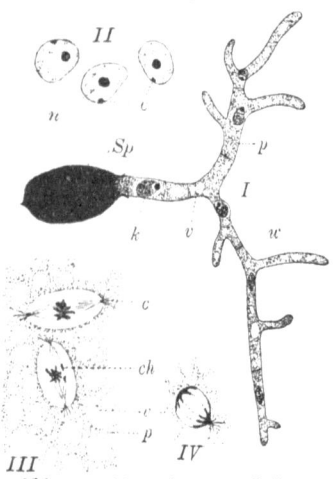

Abb. 1. I. Keimende Spore. II. Kerne. III. u. IV. Kernteilungen. Nach Kriep und Claußen.

2. Charakteristik der Vegetationsorgane

enthält wie der Mutterkern. Es hat sich deshalb ein komplizierter Kernteilungsmechanismus herausgebildet, der in der Hauptsache im ganzen Organismenreich übereinstimmt. Wir können daher wohl voraussetzen, daß er dem Leser bekannt ist, und wollen nur einige Besonderheiten der pilzlichen Kernteilung hervorheben.[1]) Am ruhenden Kern fällt auch bei den Pilzen das Kernkörperchen besonders auf (Abb. 1 II n), das während der Teilung gewöhnlich verschwindet, und über dessen Funktion noch Unklarheit herrscht. Außerdem beobachtet man meistens der Kernwand innen angeklebt ein kleines Organ, das den Kernen höherer Pflanzen fehlt, und das man als Zentriol bezeichnet (Abb. 1 II c). Bei Beginn der Kernteilung verdoppelt es sich und die beiden Tochterzentriole rücken an zwei entgegengesetzte Pole des Kerns. Zwischen ihnen spinnen sich dann die Spindelfasern aus und außerdem entsenden sie Strahlen in das umgebende Plasma (Abb. 1 III c). Die Teilung der Chromosomen, die wir als die eigentlichen Träger der erblichen Eigenschaften auffassen, zeigt nichts besonderes; hervorzuheben ist nur, daß die Kernwand während des ganzen Vorganges erhalten bleibt und erst beim Heranwachsen der Tochterkerne allmählich verschwindet (Abb. 1 II und IV).

Da die Kerne mit ihren Chromosomen die Träger der erblichen Eigenschaften sind und diese in jeder einzelnen Zelle zum Ausdruck kommen, so ist es verständlich, daß jede Zelle mindestens einen Kern enthalten muß. Das sehen wir auch in unserer Abb. 1 I, wo jedes Hyphenstück, das von den benachbarten durch Querwände abgegliedert ist, einen Kern enthält. Die Seitenästchen sind noch kernlos, bevor sie sich aber von ihrer Mutterzelle durch eine Querwand abtrennen, werden auch in diese Nachkommen von den Kernen der Mutterzelle eingerückt sein. Solche Querwände brauchen durchaus nicht immer aufzutreten. Eine der Hauptabteilungen der Pilze ist sogar dadurch charakterisiert, daß bei ihnen die Querwände überhaupt vollständig fehlen. Ihr Vegetationskörper besteht dann aus einer einzigen fadenförmigen und vielfach verzweigten Zelle, die zahlreiche Kerne enthält. Aber auch bei den mit Querwänden versehenen Hyphen ist es durchaus nicht die Regel, daß jede Zelle nur einen Kern besitzt, gewöhnlich enthalten sie mehrere, häufig sogar sehr viele (Abb. 2).

---

1) Zur genaueren Orientierung über die Kernteilung sei die Darstellung von Molisch, Pflanzenphysiologie (ANuG Bd. 569) empfohlen.

10 Die Pilze. I. Allgemeiner Teil

b) **Myzel.** Beim weiteren Wachstum der Hyphen bildet sich in der Kultur durch ihre reichliche, sich immer wiederholende Veräftelung ein weißes flockiges Gespinst heraus, das man auch mit unbewaffnetem Auge erkennt (Abb. 2). Man bezeichnet es als Myzel (mykés gr. = Pilz). Solche Myzelien sind uns gewiß auch schon in der Natur häufig begegnet, z. B. auf feuchtem alten Brot oder als Mehltau auf Rosenblättern. Viele Pilze begnügen sich mit einem derartigen aus lockeren Einzelhyphen bestehenden Myzel. Andere dagegen zeigen, daß sich mit den Hyphen als Baumaterial auch ganz kompakte Vegetationskörper aufbauen lassen. Da sind zuerst die Myzelhäute zu nennen. Sie entstehen dadurch, daß die jungen Zweige der Hyphen sich nicht mehr im Winkel von ihnen abzweigen, sondern sich dicht aneinander legen. Dies tritt besonders ein, wenn sonst flockig-fädige Myzelien auf der Oberfläche von Flüssigkeiten wachsen. Es können sich dann so große derbe Häute bilden, daß man sie wie ein Tuch abheben kann. Weiter gehören dahin die Myzelstränge. Wie der Name sagt, strangförmige Gebilde von kreisrundem Querschnitt, die ebenfalls durch Aneinanderlegen von Hyphen entstehen. Sie können mehrere Millimeter dick werden und finden sich hauptsächlich bei Pilzen, die im Waldboden wachsen, wo sie das Substrat wie Wurzeln höherer Pflanzen, denen sie äußerlich gleichen, auf weite Strecken hin durchwuchern. Die Verfilzung der Hyphen bei diesen Gebilden ist nicht mehr eine ganz regellose, sondern man kann an ihnen ein dunkelbraunes, sprödes, meist glattes Rindengewebe unterscheiden, das ein weißes feinfilziges Mark umschließt. Es ist anzunehmen, daß durch dieses Mark größere Mengen Wasser mit den darin gelösten Nährstoffen aufgesogen werden, ähnlich wie das der Docht einer Lampe tut.

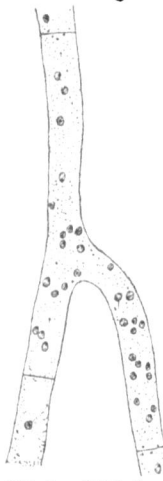

Abb. 2. Stück einer Pilzhyphe. Nach Clautzen.

Sehr unangenehm sind solche Myzelstränge, wenn man sie plötzlich in einem Hause beobachtet. Sie gehören dann nämlich gewöhnlich dem gefürchteten Hausschwamm an. Dieser bildet in seinem eigentlichen Nährsubstrat, dem feuchten Holzwerk, ein nicht sehr auffälliges fädiges Myzel. Aus diesem wachsen dann die derben Stränge hervor, die auch auf Mauerwerk so lange weiterkriechen können, bis sie auf

2. Charakteristik der Vegetationsorgane

Holz stoßen, in dem sie sich wieder in ein Fadenmyzel auflösen. So können immer neue Stellen des Holzwerkes infiziert und allmählich ein ganzes Haus durchwuchert werden.

Wenn sich die Hyphen nicht flächenhaft oder strangförmig in einer Richtung aneinanderlegen, sondern sich ganz regellos durcheinander= flechten und dabei jeden vorhandenen Zwischenraum ausfüllen, so können steinharte Gebilde zustande kommen, die man deshalb Sklerotien nennt (sklerós gr. = hart). Auf einem Schnitt durch ein Sklerotium sieht man immer nur ein= zelne Stücke der Hyphen, die bald schräg, bald quer angeschnitten sind und die eine verdickte Wand besitzen (Abb. 3). Manch= mal sind die Hyphen so eng durcheinander geflochten, daß kaum ein Zwischenraum vor= handen ist. Sind die Zwischenräume größer,

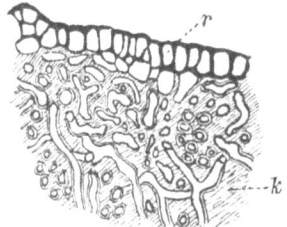

Abb. 3. Schnitt durch ein Sklerotium. Nach de Bary.

so sind sie durch eine besondere Substanz verkittet (Abb. 3 k). Die Rinde (Abb. 3 r) wird aus ein bis zwei Schichten rundlich=eckiger Zellen gebildet, die große Ähnlichkeit mit der Epidermis höherer Pflanzen haben, aber auch nur aus ganz kurz gegliederten, dunkel gefärbten Hyphen bestehen. Die Sklerotien sind als baustoffspeichernde Organe aufzufassen, mit deren Hilfe die Pilze ungünstige Vegetationsperioden überdauern können. Unter günstigen Bedingungen treiben sie dann wieder aus und bilden gewöhnlich sofort Fruchtkörper, wie wir später noch genauer sehen werden. Ihre Gestalt ist bei einigen Pilzen ganz charakteristisch wie beim Mutterkorn, wo sie hornförmige, stumpf= dreikantige Körper bilden (Abb. 28), bei anderen ganz unregelmäßig. Die Größe wechselt von erbsengroßen Körnern bis zu daumenbreiten unförmlichen Kuchen.

c) **Haustorien.** Bei den saprophytischen Pilzen pflegen die ein= zelnen Hyphen keine andere Differenzierung zu zeigen als wir sie eben für die Sklerotien kennen gelernt haben: Die Wände können sich verdicken und durch Einlagerung von Farbstoffen verschiedene, meist bräunliche Töne annehmen. Dagegen weisen sie bei den parasitischen Pilzen noch einige Eigentümlichkeiten auf. Ihre Hyphen sind nicht immer imstande die Zellen einfach zu durchwachsen, sondern suchen ihren Weg durch die feinen lufthaltigen Spalten, die sich zwischen den Zellen aller höheren Pflanzen finden (Abb. 4 II). Sie bilden dann

12 Die Pilze. I. Allgemeiner Teil

besondere Organe aus, die die Fähigkeit haben, in die benachbarten Zellen einzudringen und diesen die für den Pilz nötige Nahrung zu entnehmen. Diese sogenannten Haustorien (haurire lat. = einsaugen) sind gewöhnlich entweder knopfförmig ausgebildet (Abb. 4 II) und ragen dann eben nur in die Zelle hinein, oder als reichlich verzweigtes Knäuel (Abb. 4 I), das dann die ganze Wirtszelle ausfüllen kann. Entwickelt haben sich die Haustorien wahrscheinlich aus kleinen Haftscheiben, die man auch bei oberflächlich wuchernden Pilzen häufig findet und die dort zur Befestigung der Hyphen dienen.

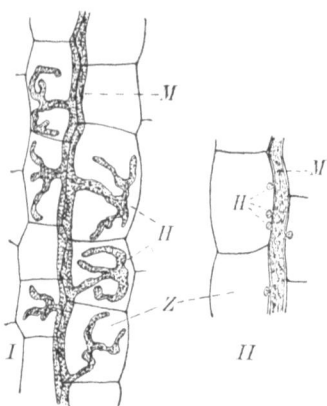

Abb. 4. I. Peronospora calotheca, zwischen den Zellen (Z) des Waldmeisters wachsend. II. Cystopus candidus, zwischen den Zellen (Z) von Capsella wachsend. H = Haustorien, M = Myzelfäden. Nach Zopf.

d) **Sproßmyzel.** Bevor wir die Schilderung des pilzlichen Vegetationskörpers verlassen, müssen wir noch auf eine Ausnahme hinweisen, wo das Myzel nicht aus Hyphen besteht; es ist das Sproßmyzel, das hauptsächlich als Wuchsform der Hefepilze bekannt ist, aber unter geeigneten Bedingungen auch bei den meisten anderen Pilzen auftreten kann. Es entsteht dadurch, daß die keimende Spore nicht fadenförmig sondern blasig auswächst (Abb. 5) zu einem Gebilde von ähnlicher Form und Größe wie es die Spore war. Da auch das weitere Wachstum in dieser Weise erfolgt, wobei die Zellen häufig mehrere Blasen treiben, so kommt ein Myzel zustande, das aus lauter perlschnurförmigen Zellen besteht, die in einem unregelmäßigen Verbande stehen. Die Zellen sind dabei sehr locker miteinander verbunden, so daß das Sproßmyzel sehr bald in seine einzelnen Glieder zerfällt.

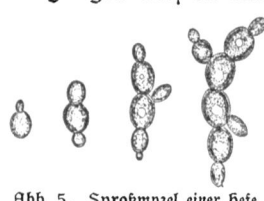

Abb. 5. Sproßmyzel einer Hefe. Nach Eichinger.

3. Die Fortpflanzungsorgane.

Die Fortpflanzungsorgane der Pilze sind so mannigfaltig gestaltet, daß man wenig allgemeingiltiges über sie sagen kann. Man unter=

scheidet vor allem eine ungeschlechtliche und eine geschlechtliche Fort=
pflanzung. Die geschlechtliche besteht in der Loslösung einzelner Zellen,
in denen vorher auf irgendeine Weise eine Kernverschmelzung statt=
gefunden hat. Dieser Sexualakt ist bei den höheren Pilzen sehr ver=
steckt, aber man hat ihn heute für alle Gruppen sicher festgestellt,
während man vor noch nicht langer Zeit glaubte, daß er sich bloß
bei den niedersten Pilzformen erhalten habe, bei den höheren aber
verloren gegangen sei. Durch diese Kernverschmelzung muß jedesmal
eine Verdoppelung der Kernmasse eintreten. Da aber die Größe der
Kerne bei den aufeinanderfolgenden Generationen immer dieselbe
bleibt und auch die Anzahl der Chromosomen in den vegetativen
Kernen sich nicht von Generation zu Generation verdoppelt, so muß
irgendwo im Entwicklungsgang eines sich geschlechtlich fortpflanzen=
den Pilzes eine Reduktion der durch den Geschlechtsakt verdoppelten
Chromosomenzahl erfolgen. Den Ort dieser Reduktion hat man erst
bei sehr wenigen Pilzen gefunden. Deshalb wird hiervon bei der
nun folgenden Besprechung der einzelnen Pilzgruppen nur sehr selten
die Rede sein, während wir den Sexualakt immer eingehend schildern
können.

Die ungeschlechtliche Fortpflanzung besteht ebenfalls in der Los=
lösung einzelner Zellen, in denen aber keine Kernverschmelzung er=
folgt ist. Im Entwicklungsgang eines sich ungeschlechtlich fortpflan=
zenden Pilzes fehlt infolgedessen auch die Chromosomenreduktion.

Geschlechtliche wie ungeschlechtliche Fortpflanzungszellen wachsen
in der Weise, wie wir das oben geschildert haben (Abb. 1 I) zu neuen
Pflanzen heran.

II. Spezieller Teil.

1. Phycomycetes, Algenpilze.

a) **Oomycetes, Eipilze.** Da die Pilze nicht leben können, ohne
daß ihnen von anderen Organismen die Nahrung bereitet ist, so
müssen ihnen auch in der Stammesgeschichte des Pflanzenreiches an=
dere grüne Formenreihen vorausgegangen sein. Man wird da vor
allem an die grünen Algen denken, mit denen manche Pilze eine oft
überraschende Ähnlichkeit haben. Allerdings darf man sich durch solche
Ähnlichkeiten nicht verleiten lassen, nun im einzelnen auf ganz enge
Verwandtschaft zwischen dem betreffenden Pilz und der ihm ähnlichen

Alge zu schließen. Die beiden großen Gruppen haben nur gemeinsame grüne Vorfahren gehabt, die wahrscheinlich ausgestorben sind, und es haben sich aus ihnen zwei Parallelreihen entwickelt, von denen die eine grün geblieben, während die andere farblos geworden ist. Manche Übereinstimmungen sind dann sogenannte Konvergenzerscheinungen, veranlaßt weniger durch nahe Verwandtschaft als durch gleiche Lebensweise. Daß beide Gruppen aber einen gemeinsamen Ursprung haben, wird man wohl als sicher annehmen können. Dafür spricht vor allem die Tatsache, daß gerade die am einfachsten organisierte Klasse der Pilze die größte Ähnlichkeit mit den Algen aufweist, weshalb man sie Phykomyzeten (phykós gr. = Tang, Alge) nennt. Die ihnen allen gemeinsame Eigentümlichkeit ist, daß ihr vegetatives Myzel keine Querwände aufweist, was wir schon einmal (S. 9) erwähnt haben. Nur die Fortpflanzungsorgane werden durch Querwände abgegliedert. Man teilt diese Klasse in die drei Ordnungen der Chytridineen, Oomyzeten und Zygomyzeten. Die erste von diesen, die Chytridineen, werden wir hier nicht behandeln, weil sie ein sicher nicht einheitliches Gewirr von Formen bilden, deren Bedeutung für das System der Pilze im einzelnen noch unklar ist. Die zweite Ordnung, die Oomyzeten dagegen sind eine durch ihre geschlechtlichen Fortpflanzungsorgane sehr gut charakterisierte Gruppe. Man findet nämlich bei ihnen immer als weibliche Geschlechtsorgane große runde Eizellen (deshalb der Name von ōón gr. = Ei), die von verschieden gestalteten männlichen Geschlechtsorganen befruchtet werden.

Unter den drei wichtigeren Familien, die die Oomyzeten umfassen, ist die algenähnlichste die der **Monoblepharidazeen.** Sie kommen auf faulenden Zweigen in Teichen und Gräben vor, wo ihr Myzel unter Wasser bis 5 mm lange feste gerade Fäden bildet. Ihre Algenähnlichkeit prägt sich aber nicht nur in dieser Lebensweise aus, sondern vor allem in der Ausbildung ihrer Fortpflanzungsorgane. Sie sind nämlich die einzige Pilzfamilie, die, wie die meisten Algen, frei im Wasser bewegliche männliche Geschlechtszellen haben. Wir wollen die Fortpflanzungsverhältnisse für Monoblepharis sphaerica genauer schildern. Wenn dieser Pilz sich zur Fruktifikation anschickt, so treten am Ende der sonst querwandlosen Hyphen zwei Wände auf, von denen die letzte zum weiblichen Organ, dem Oogonium (ōón gr. = Ei und goné gr. = das Erzeugende) und die vorletzte zum

1. Phycomycetes, Algenpilze

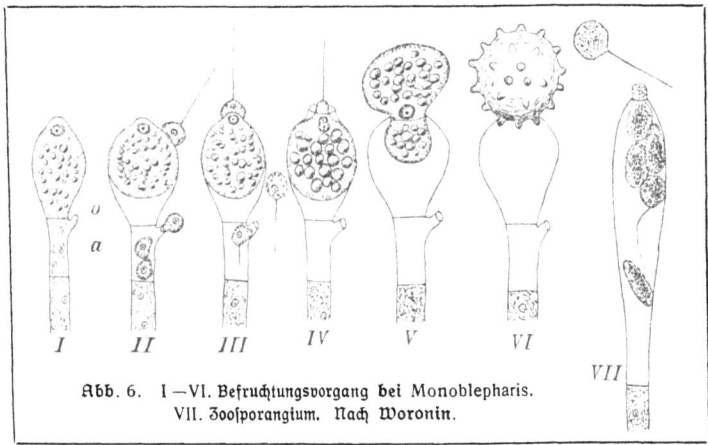

Abb. 6. I—VI. Befruchtungsvorgang bei Monoblepharis. VII. Zoosporangium. Nach Woronin.

männlichen Organe, dem Antheridium (antherós gr. = blühend und ídios gr. = eigentümlich) wird. Das Oogonium, das nur einen Kern enthält, schwillt blasenförmig an und bildet in seinem Protoplasma zahlreiche kugelige Öltropfen aus (Abb. 6 I o). Gleichzeitig entsteht an dem Antheridium ein schnabelförmiger Auswuchs (Abb. 6 I a). Während sich dann das Protoplasma des Oogons zu einem einzigen kugeligen Ei zusammenballt, das an der Spitze des Oogons liegt, ist der Inhalt des Antheridiums in mehrere Geschlechtszellen zerfallen, die durch eine Öffnung des Fortsatzes austreten (Abb. 6 II). Sie können sich wie tierische Samenfäden mittels einer hin= und herschwin= genden Geißel frei im Wasser bewegen und heißen deshalb Sperma= tozoiden (spérma gr. = Same und zōon gr. = Tier). Im übrigen bestehen sie aus einem nackten Protoplasmaklümpchen mit einem Kern. Eins von diesen Spermatozoiden setzt sich dann auf der Spitze des Oogons fest (Abb. 6 III), bohrt ein Loch in seine Wand und verschmilzt mit dem Ei (Abb. 6 IV). Dieses bekommt dadurch zwei Kerne, die auch miteinander verschmelzen, wodurch der Befruchtungsakt vollendet ist. Das befruchtete Ei oder die Oospore (sporá gr. = Samenkorn) schlüpft darauf aus dem Oogon heraus, setzt sich aber an seiner Spitze wieder fest und umgibt sich mit einer derben warzigen Membran (Abb. 6 VI). So eingehüllt macht es eine längere Ruheperiode durch und kann auch ungünstige äußere Verhältnisse, z. B. Austrocknen im

Sommer oder Gefrieren im Winter überstehen, um dann beim Eintritt günstiger Bedingungen wieder auszukeimen. Dabei reißt die Membran einfach auf, wie wir das schon einmal geschildert haben (Abb. 1 I), und eine querwandlose Hyphe kommt hervor, die zu einer neuen Monoblepharis=Pflanze auswächst.

Damit ist der Entwicklungsgang geschlossen, aber es ist klar, daß durch diese Art der Fortpflanzung keine starke Verbreitung innerhalb einer Vegetationsperiode stattfinden kann, da die Oosporen auch unter günstigen Bedingungen erst nach mehreren Monaten auskeimen. Um diesem Mangel abzuhelfen, hat die Pflanze noch eine ungeschlechtliche Art der Fortpflanzung entwickelt, mit deren Hilfe innerhalb weniger Stunden zahlreiche sofort entwicklungsfähige Keimzellen gebildet werden. Sie entstehen in der Weise, daß unterhalb der Geschlechtsorgane kleine Seitenzweige hervorwachsen, deren keulenförmige Anschwellung am Ende durch eine Querwand abgegliedert wird. Der plasmatische Inhalt dieser Zelle, des Zoosporangiums (sporá gr. = Same und angeion gr. = Behälter), zerfällt in zahlreiche einkernige und eingeißelige nackte Zoosporen. Diese schlüpfen durch eine Öffnung an der Spitze heraus (Abb. 6 VII), schwärmen durchs Wasser — weshalb sie auch Schwärmsporen heißen — bis sie sich auf einer geeigneten Unterlage festsetzen, ihre Geißel einziehen, auf ihrem nackten Plasma=körper eine zarte Membran abscheiden und sofort auskeimen. Bei dieser Fortpflanzungsart findet also nirgends ein Befruchtungsvorgang statt.

Gelegentlich kommt bei Monoblepharis wie bei vielen anderen Pilzen noch eine zweite Art der ungeschlechtlichen Fortpflanzung vor. Wenn nämlich das Wasser, in dem der Pilz wächst, plötzlich austrocknet, ehe er zur Ausbildung befruchteter Eier hat schreiten können, ist er in Gefahr für immer vernichtet zu werden. Dem wird dadurch begegnet, daß sich das Protoplasma an einzelnen Stellen der Hyphen zu dichten Massen zusammenballt (Abb. 18 I), die sich durch zwei Querwände abgliedern. Die so entstandenen Zellen schwellen dann an, ihr Inhalt verwandelt sich in Öl und andere Reservestoffe. Sie umgeben sich mit einer derben Membran und können so auch längere Trockenperioden ohne Schaden überdauern, während die Hyphen rechts und links von ihr absterben. Die Chlamydosporen (chlamys gr. = Mantel), wie man diese Gebilde nennt, können bei neuem Zutritt von Wasser ohne weiteres wieder auskeimen.

1. Phycomycetes, Algenpilze

An die Monoblepharidazeen schließen wir die Familie der **Saprolegniazeen**, weil sie gleichfalls Wasserpilze mit großer Algenähnlichkeit sind. Im Gegensatz zu jenen wachsen sie nicht auf pflanzlichen, sondern auf tierischen Leichen, und man kann sie sich ziemlich regelmäßig beschaffen, wenn man tote Fliegen oder Ameiseneier auf Wasser schwimmen läßt, dem etwas Schlamm aus sumpfigen Teichen zugesetzt ist. Dann bildet sich nach wenigen Tagen um das Insekt ein Strahlenkranz von radial ausstrahlenden Hyphen, an deren Enden alsbald Zoosporangien von ähnlichem Bau wie bei Monoblepharis auftreten (Abb. 7 I). Abweichend ist nur, daß die Schwärmsporen nicht eine, sondern zwei Geißeln tragen. Die Entstehung dieser Schwärmer aus dem Protoplasma hat man bei Saprolegnia genauer untersucht. Sie erfolgt in der Weise, daß zunächst eine große Vakuole auftritt, die das Protoplasma mit den Kernen an die Wand drängt. Dann entstehen in diesem plasmatischen Wandbelag Spalten, die immer ein Klümpchen Plasma mit je einem Kern darin abschneiden (Abb. 7 II im Querschnitt, III im Längsschnitt). Schließlich runden sich diese Klümpchen ab (Abb. 7 IV), und wenn dann die Geißeln aus ihnen herauswachsen, sind die Schwärmer fertig.

Die Oogonien und Antheridien entstehen erst nach den Zoosporangien. Jene als Anschwellungen der Enden von kurzen Seitenzweigen (Abb. 7 V o) und diese als fadenförmige Hyphe, die sich um das Oogon herumlegt (Abb. 7 V a). Beide werden durch Querwände von dem vegetativen Myzel abgetrennt. In dem Oogonium bilden sich aus dem wandständigen Protoplasma durch Zerklüftung und Spaltenbildung eine wechselnde Anzahl von Eiern (Abb. 7 VI und VII), die sich schließlich abrunden und dann befruchtungsreif geworden sind. Zu diesem Zeitpunkte treibt das Antheridium mehrere schlauchförmige Fortsätze (Befruchtungsschläuche) in das Oogon hinein (Abb. 7 VII b), von denen je einer in ein Ei eindringt und den Befruchtungsakt vollzieht. Das geschieht wie bei Monoblepharis durch Verschmelzung eines männlichen Kerns mit einem weiblichen. Während aber bei Monoblepharis von vornherein nur ein Kern im Oogon und damit auch im Ei vorhanden war, ist das Oogon von Saprolegnia zunächst vielkernig. Es gehen dann die meisten Kerne zugrunde und nur so viel bleiben erhalten, wie Eier im Oogon vorhanden sind. So kommt es, daß jedes Ei schließlich auch nur einen Kern enthält (Abb. 7 VIII ek). Auch das Antheridium ist vielkernig, jeder Befruch-

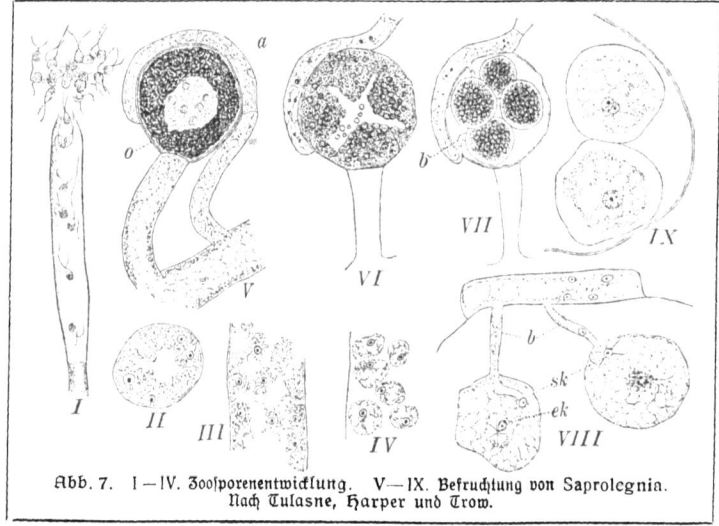

Abb. 7. I—IV. Zoosporenentwicklung. V—IX. Befruchtung von Saprolegnia. Nach Tulasne, Harper und Trow.

tungsschlauch entläßt aber nur einen männlichen Kern (Abb. 7 VIII *sk*) in das Ei, der mit dem weiblichen Kern verschmilzt (Abb. 7 IX). Dadurch wird das Ei zur Oospore, die sich mit einer festen aber nicht warzigen Membran umgibt und nach einiger Zeit zu einer neuen Saprolegnia-Pflanze auskeimt.

Die Saprolegniazeen unterscheiden sich also dadurch prinzipiell von den Monoblepharidazeen, daß sie nicht wie jene männliche Befruchtungszellen frei ins Wasser entlassen, sondern nur die männlichen Kerne mittels der Befruchtungsschläuche direkt in die Eier befördern. Es ist das entschieden ein Fortschritt in der Entwicklung, denn bei dem Befruchtungsmodus der Monoblepharidazeen hängt es mehr oder weniger vom Zufall ab, ob die Spermatozoiden wirklich ein Ei erreichen.

Die Saprolegniazeen leben gewöhnlich saprophytisch wie die Monoblepharidazeen. Besonders ausgeprägt ist dieser Saprophytismus bei Leptomitus, der nur in stark organisch verschmutzten Gewässern auftritt, z. B. in Abwässern von städtischen Kanalisationen, von Brennereien oder von Zuckerfabriken. Da solche Abwässer bei starker Konzentration häufig sehr schädlich für die Fischerei sind, so dient das Auf-

1. Phycomycetes, Algenpilze

treten von Leptomitus und ähnlicher „Abwasserpilze" dem Fischerei=
biologen als Warnungszeichen bei der Beurteilung der Gewässer.
Leptomitus besteht aus verzweigten Fäden, die von Zeit zu Zeit
eingeschnürt sind. In jedem der dadurch entstandenen Fadenglieder
liegt eine Kugel aus einer zelluloseartigen Substanz
(Abb. 7 a I), die bei Verletzungen des Fadens als Ver=
schlußventil an den Einschnürungen dient. Das ist eine
interessante Anpassung an die Lebensweise des Pilzes.
Er kommt nämlich nur in fließenden Gewässern vor,
und in diesen müssen häufig Teile der Fäden abge=
rissen werden, was ohne den ventilartigen Verschluß
bei der Querwandlosigkeit der Fäden ein Ausfließen
des Protoplasmas und Absterben des ganzen Fadens
zur Folge haben müßte.

Unter Umständen können die Saprolegniazeen auch
lebende Fische befallen und haben schon oft verhee=
rende Epidemien unter ihnen angerichtet. Zu diesem
gelegentlichen Parasitismus scheinen die Pilze aber nur
dann befähigt zu sein, wenn die Fischbestände aus
irgendeinem anderen Grunde bereits geschwächt sind.
Bei der großen Verbreitung der Saprolegniazeen müßte
der durch sie angerichtete Schaden sonst viel größer sein,
als es tatsächlich der Fall ist.

I   II
Abb. 7 a. I. Lepto-
mitus lacteus.
Nach Koltwitz.
II. Zoophagus in-
sidians.
Nach Sommerstorf.

In die Verwandtschaft der Saprolegniazeen gehört
ein sehr merkwürdiger Pilz, Zoophagus insidians, der einzige, von
dem man weiß, daß er Tiere fängt. In der höheren Pflanzenwelt ist
das ja nicht selten, aber während die insektenfressenden höheren Pflan=
zen ganz komplizierte Einrichtungen zum Tierfang aufweisen, ist der
Zoophagus nicht anders gebaut wie andere Phykomyzeten. Er
wächst auf Algenfäden entlang. Die Hyphen tragen in ziemlich regel=
mäßigen Abständen ganz kurze Ästchen und diese sind die einfachen
Fangapparate des Pilzes. Die Algenfäden pflegen nämlich von Ro=
tatorien und Infusorien nach Bakterien abgegrast zu werden. Hier=
bei kommen ihnen die Kurzhyphen in den Mund und nun bleiben
sie an ihnen trotz heftiger Gegenwehr kleben (Abb. 7 a II). Das Merk=
würdige daran ist, daß einzellige Algen, Diatomeen usw. an den
Hyphen nicht kleben bleiben. Der Klebstoff muß also erst nach Be=
rührung mit den Rotatorien infolge einer Reizwirkung ausgeschieden

werden. In die gefangenen Tierchen wachsen darauf stark verzweigte Haustorien hinein, die sie vollständig aussaugen.

Zoophagus gehört einem völlig eigenen biologischen Typus unter den Pilzen an. Zu den Saprophyten kann man ihn nicht rechnen, denn er lebt wie eine Alge im reinen Wasser. Und zu den Parasiten werden wir ihn auch schwerlich stellen können, wenn wir nicht zugleich zugeben wollen, daß z. B. eine fliegenfangende Sonnentaupflanze zu den Parasiten der Fliegen gehöre.

Wir können diese Pilzgruppen nicht verlassen, ohne wenigstens kurz auf die große Bedeutung hingewiesen zu haben, die sie durch die Untersuchungen des kürzlich verstorbenen Heidelberger Botanikers Klebs für die Physiologie der Fortpflanzung im allgemeinen gewonnen haben. Klebs konnte nachweisen, daß der gewöhnliche Entwicklungsgang: Myzel – Zoosporangienbildung – geschlechtliche Fortpflanzung nicht auf einem geheimnisvollen inneren Rhythmus der Lebensvorgänge beruht, sondern daß es der Experimentator durch bestimmte Kulturbedingungen vollständig in der Hand hat, den Pilz in jener Form zu züchten, die er wünscht. So hat Klebs Saprolegnien lange Jahre hindurch in rein vegetativem Wachstum erhalten, ohne daß sie zur Fortpflanzung schritten. Dabei konnte er den Pilz jederzeit zwingen, Zoosporangien zu bilden oder Geschlechtsorgane. Er konnte auch den Entwicklungsgang umkehren, so daß erst Geschlechtsorgane und dann Zoosporangien erzeugt wurden und anderes mehr. Diese Ergebnisse, die Klebs durch entsprechende Versuche an anderen Pilzen und Algen, aber auch an höheren Pflanzen, erhärten konnte, trugen viel zum Verständnis der kausalen Bedingungen des Wachstums und der Fortpflanzung im ganzen Organismenreiche bei und sind deshalb von großem theoretischen Interesse.

Wir kommen nun zu derjenigen Familie der Oomyzeten, die sich dem Landleben angepaßt hat, den **Peronosporazeen**. Diese veränderte Lebensweise bleibt natürlich nicht ohne Einfluß auf die Gestalt der Pilze, vor allem muß die Form der ungeschlechtlichen Fortpflanzung mit ihren im Wasser aktiv beweglichen Schwärmsporen modifiziert werden. Wir sehen deshalb, daß an ihre Stelle rundliche Sporen ohne Geißeln, aber mit einer festen Membran treten, die in der Luft verstäubt werden, weshalb man ihnen den Namen Konidien gegeben hat (kónis gr. = Staub), und sich mit Hilfe des Windes verbreiten. Solche Konidien werden wir in den mannigfaltigsten Formen bei

1. Phycomycetes, Algenpilze

allen noch zu behandelnden Pilzfamilien kennen lernen. Durch ihre massenhafte Produktion und ihre leichte Verbreitungsmöglichkeit bilden sie das Hauptmittel für die überraschende Vermehrungsfähigkeit, die viele Pilze zeigen, und die die Ursache so mancher verheerenden Pflanzenkrankheit ist.

Die Konidien übernehmen also die Aufgaben der Zoosporen bei den Wasserpilzen. Damit ist nun aber nicht gesagt, daß sie diesen auch entwicklungsgeschichtlich entsprechen. Man kann vielmehr bei den Peronosporazeen feststellen, daß sie nicht den einzelnen Zoosporen sondern den ganzen Zoosporangien gleichwertig sind. Man findet noch heute verschiedene Verbindungsglieder zwischen den beiden Organen, sodaß man sich ein gutes Bild davon machen kann, wie sie auseinander entstanden sind.

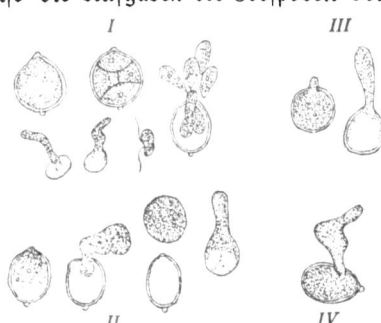

Abb. 8. Typen der Konidienentwicklung bei den Peronosporeen. Nach v. Tavel.

Bei den meisten Arten keimt die Konidie nicht sofort aus, sondern ihr Inhalt zerfällt in eine Anzahl von Plasmaportionen mit je einem Kern (Abb. 8 I). Diese werden aus einer Öffnung an der Spitze der Konidie ausgestoßen und entpuppen sich nun als echte Zoosporen mit zwei Geißeln, die, wenn sie zur Ruhe gekommen sind, in der üblichen Weise auskeimen. Die Konidie ist hier also bloß ein als Ganzes losgelöstes Zoosporangium. Bei einer anderen Art tritt der ganze Inhalt der Konidie ohne vorherigen Zerfall aus der Spitze aus (Abb. 8 II), rundet sich ab, umgibt sich mit einer Membran und keimt erst dann aus. Bei einer dritten Art keimen die Konidien zwar direkt, aber der Keimschlauch entsteht noch regelmäßig an der Spitze (Abb. 8 III), also an der Stelle, wo früher die Schwärmsporen austraten. Bei einer vierten Art endlich ist auch diese letzte Erinnerung an die Herkunft vom Zoosporangium erloschen: der Keimschlauch kann an jeder beliebigen Stelle der Konidie austreten (Abb. 8 IV).

Die Abstammung der Konidien von ganzen Zoosporangien macht es verständlich, daß sie nicht innerhalb besonderer Behälter entstehen, sondern von den Hyphen äußerlich abgeschnürt werden. Es gibt da

22 Die Pilze. II. Spezieller Teil

hauptsächlich zwei Typen. Bei dem einen erscheinen die Konidien an Ästchen oft vielfach verzweigter Träger (Abb. 9 I), die über die Oberfläche der von den Pilzen befallenen Pflanzenteile hinausragen, bei dem anderen werden sie von dicht nebeneinander stehenden Hyphen=

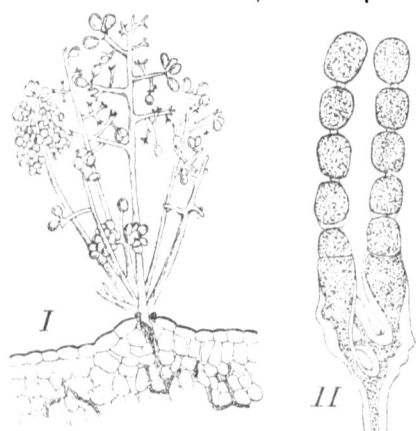

Abb. 9. I. Konidien von Plasmopora viticola. Nach Millardet. II. Konidien von Albugo Portulacae. Nach de Bary.

enden unter der Oberhaut der Wirtspflanzen in perl= schnurförmigen Reihen ab= geschnürt (Abb. 9 II). Dabei erzeugen die Hyphen immer wieder neue Konidien, so daß die ältesten sich am weitesten außen befinden. Durch den Druck der großen Konidien= mengen reißt schließlich die Epidermis, wodurch sie auch hier an die Oberfläche ge= langen. Diejenigen Formen, die ohne Schwärmsporen= bildung auskeimen, können, falls der Wind sie auf eine geeignete Nährpflanze weht, sofort auskeimen und eine

Neuinfektion hervorrufen. Die andern aber können sich naturgemäß nicht ohne, wenn auch nur geringe Wassermengen entwickeln. Des= halb ist es verständlich, daß die verheerendsten Peronosporeenkrank= heiten, die wir kennen, die Krautfäule der Kartoffeln oft kurzweg „Kartoffelkrankheit" genannt, Phytophtora infestans, und der „falsche Mehltau" Plasmopora viticola, des Weinstockes, sich besonders bei feuchtem nebeligen Wetter verbreiten. Die kleinen Wassertröpfchen, die sich dann auf den Blättern bilden, sind groß genug, um die Schwärmer zum Ausschlüpfen zu bringen, und andererseits zu klein, um wieder abzufließen und die Schwärmer mit fortzuspülen, wie es ein stärkerer Regenguß tut. Wenn die Infektion vollzogen ist, wuchern die Hyphen in den Zwischenzellräumen der Wirtspflanzen und senden Haustorien in die Zellen, wie wir das früher schon kennen gelernt haben (Abb. 4). Sie sind für die befallenen Pflanzen sehr gefähr= lich, und besonders die obengenannten beiden Krankheiten haben der Landwirtschaft und dem Weinbau enormen Schaden zugefügt, bis

1. Phycomycetes, Algenpilze

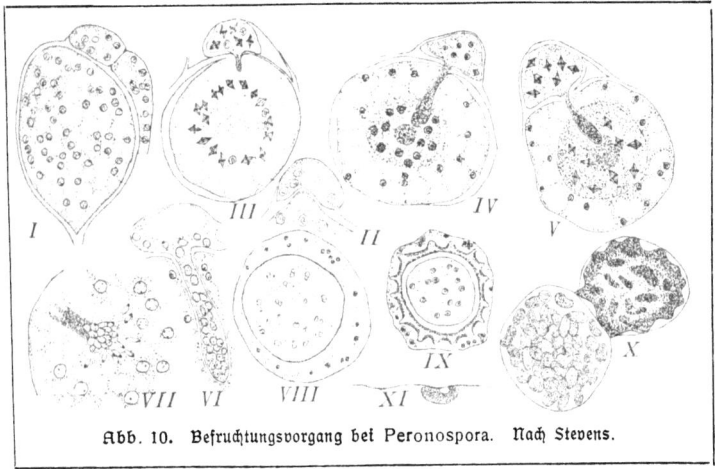

Abb. 10. Befruchtungsvorgang bei Peronospora. Nach Stevens.

man es gelernt hatte, durch geeignete Bekämpfungsmittel, z. B. Bespritzen der Pflanzen mit kupferhaltigen Lösungen („Bordeauxbrühe"), die die keimenden Konidien abtöten, die Epidemien einzudämmen.

Die geschlechtliche Fortpflanzung wollen wir am Albugo bliti studieren. Bei ihm, wie bei allen anderen Peronosporazeen entstehen die Oogonien im Inneren der Wirtspflanzen. Sie sind vielkernig, und es legt sich an sie ein gleichfalls vielkerniges Antheridium an (Abb. 10 I). Insofern besteht also völlige Übereinstimmung mit den Saprolegniazeen. Eine wesentliche Abweichung von ihnen und auch von den Monoblepharidazeen beruht aber darin, daß nicht der ganze Inhalt des Oogons bei der Eibildung aufgebraucht wird. Während bei den Monoblepharidazeen das gesamte Oogonplasma ein Ei bildet und es sich bei den Saprolegniazeen in mehrere Eiportionen zerklüftet, wird bei den Peronosporazeen nur der zentrale Teil zu einem Ei, die ziemlich dicke periphere Partie bleibt unbenutzt. Im einzelnen geht dieser Vorgang folgendermaßen vor sich. Zunächst wölbt sich eine kleine Vorstülpung aus dem Ei in das Antheridium (Abb. 10 II). Diese „Kopulationspapille" ist nur eine vorübergehende Erscheinung, die aber, wie wir später sehen werden, nicht ohne eine gewisse theoretische Bedeutung ist. Die erst regellos verteilten Kerne sammeln sich dann auf einer Kugelfläche im Innern des Oogons und teilen sich hier alle zu gleicher Zeit (Abb. 10 III). Innerhalb dieser Kugelfläche ist das Plasma viel dichter gebaut als außen, und dieses dichte Plasma ist es, was später zum Ei wird. Es wird dadurch wieder mit Kernen versehen, daß einzelne der Kernteilungsfiguren gerade auf der Grenze zwischen dem dichten inneren und dem lockeren äußeren Plasma stehen, so daß bei fortschreitender Teilung eine Anzahl der Tochterkerne in das Innere gelangt. Ist diese vollzogen (Abb. 10 IV), so entsteht im Innern des Eis ein dunkler Fleck, dessen Bedeutung noch nicht aufgeklärt ist. Gleichzeitig entsendet das Antheridium einen Befruchtungsschlauch in das Ei (Abb. 10 III und IV), der die Kopulationspapille völlig verdrängt. Bevor aber die männlichen Kerne einwandern, gehen sowohl die Ei- wie die Antheridiumkerne noch eine weitere Teilung ein, während diese bei den Kernen des lockeren Umhüllungsplasmas unterbleibt (Abb. 10 V). Darauf kommt es endlich zur Einwanderung der männlichen Kerne (Abb. 10 VI und VII) und zur Verschmelzung mit den weiblichen (Abb. 10 VIII). Schließlich umgibt sich das befruchtete Ei mit einer dicken höckerigen Membran (Abb. 10 IX) und kann dann, nachdem es durch Verfaulen der Wirtspflanze frei geworden ist, im nächsten Frühjahr keimen. Hierbei schlüpft der ganze Inhalt, von einer zarten Membran umgeben, aus (Abb. 10 X) und bildet zahlreiche mit zwei Geißeln versehene Zoosporen (Abb. 10 XI). Die Oospore wird also zu einem Zoosporangium.

Diese Befruchtungsvorgänge an Albugo Bliti gewinnen noch erheblich an Interesse, wenn man sie mit den Verhältnissen bei Monoblepharis und Saprolegnia einerseits und den bei verwandten Peronosporazeen andererseits vergleicht. Wir gehen wohl nicht fehl, wenn wir das Antheridium von Monoblepharis mit seinen Spermatozoiden dem Antheridium von Saprolegnia entwicklungsgeschichtlich gleichwertig erachten. Wir können deshalb von der Betonung der Beweglichkeit, die in dem Wort „Spermatozoiden" liegt, absehen und sie einfach männliche Gameten (gamétēs gr. = Gatte) und das Antheridium ein männliches Gametangium (ángos gr. = Behälter) nennen. Dann ist das Antheridium von Saprolegnia ein männliches Gametangium, das bei der Ausbildung von Gametenkernen stehen geblieben ist, weil es die Befruchtungskörper nicht mehr ins Wasser entleert, sondern sie mittels der Befruchtungsschläuche direkt ins Ei befördert. Diese Eier sind die weiblichen Gameten. Wir haben also

1. Phycomycetes, Algenpilze   25

bei Saprolegnia ein weibliches Gametangium, dessen Gameten von männlichen Gametenkernen befruchtet werden. Bei der vollständigen Übereinstimmung der jungen Befruchtungsorgane von Saprolegnia und Albugo können wir weiter schließen, daß sie auch bei diesem Pilz aus einem männlichen und einem weiblichen Gametangium bestehen. Es fehlt aber hier nicht nur die Ausbildung der männlichen, sondern auch der weiblichen Gameten, sie bleiben gewissermaßen miteinander verklebt, und die Befruchtung des vielkernigen Eis von dem vielkernigen Antheridium ist aufzufassen als die Vereinigung eines Schwarmes männlicher Gameten mit einem Schwarm weiblicher Gameten.

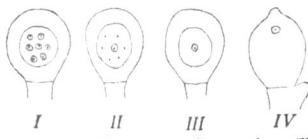

Abb. 11. Verschiedene Typen der Eibildung bei den Oomyzeten.

Der Vergleich der Monoblepharidazeen, Saprolegniazeen und Peronosporazeen zeigt also, daß die Oogonien und Antheridien der Oomyzeten im Grunde gleichwertige Gametangien sind. Der Vergleich der Oomyzeten mit der noch zu besprechenden Gruppe der Zygomyzeten wird uns erkennen lassen, daß die männlichen und weiblichen Gametangien ursprünglich nicht nur gleichwertig sondern auch gleichförmig waren. Die ausgeprägte Differenzierung der Geschlechtsorgane, die wir bei den Oomyzeten finden und die ihnen ihren Namen gegeben hat, ist erst innerhalb dieser Ordnung entstanden. Zeugnis dafür legt der verschiedene Entwicklungsgang der Peronosporazeen ab. Bei ihnen finden wir alle Übergangsstufen zwischen vollkommener Gleichgestaltung der Geschlechtsorgane, die wir erst bei den Zygomyzeten kennen lernen werden, und die man Isogamie (isos gr. = gleich und gamos gr. = Hochzeit) nennt, und extremer Heterogamie (héteros gr. = anders), die wir bei Monoblepharis angetroffen haben. Eine solche Zwischenstufe, wo äußerlich schon eine starke Differenzierung der beiden Gametangien vorhanden ist, das Verhalten der Gametenkerne aber noch als Isogamie zu deuten ist, stellt der eingehend geschilderte Fall von Albugo bliti dar. Während hier noch zahlreiche funktionierende weibliche Gametenkerne vorhanden sind (Abb. 11 I), wandern bei Albugo Tragopogonis zwar auch noch viele Kerne in das zentrale Eiplasma ein, sie gehen aber alle zugrunde bis auf einen, der zum Eikern wird (Abb. 11 II). Die dritte Stufe ist bei Peronospora parasitica verwirklicht, wo von vornherein nur ein Kern im Ei vorhanden ist (Abb. 11 III). Von da ist nur ein Schritt zu Monoblepharis, bei der schon das junge Oogon einkernig ist und dessen Kern sofort zum Eikern wird (Abb. 11 IV).

Damit können wir die Peronosporazeen verlassen. Wir haben sie etwas eingehender behandeln müssen, weil sie nicht nur als gefährliche Parasiten auf Kulturpflanzen eine große praktische Bedeutung haben, sondern auch durch ihre interessanten Übergangsbildungen Licht werfen auf die Entstehung der Konidien einerseits und der Heterogamie andererseits.

b) **Zygomycetes, Jochpilze.** Neben den Chytridineen und Oomyzeten steht als dritte und letzte Ordnung der Phykomyzeten die der Zygomyzeten. Sie haben ihren Namen wie die Oomyzeten von der Gestalt ihrer geschlechtlichen Fortpflanzungsorgane erhalten. Er stammt nämlich von (zygón gr. = Joch) der jochartigen Gestalt, die die Geschlechtsorgane zeigen (Abb. 12). Diese Jochbildungen kommen dadurch zustande, daß zwei gleichgestaltete Geschlechtszellen aufeinander zuwachsen. Die Einzelheiten des Geschlechtsaktes seien hier für Sporodinia grandis geschildert, einen zarten Schimmelpilz, der auf größeren Hutpilzen parasitisch lebt. Wenn Sporodinia zur geschlechtlichen Fortpflanzung schreitet, so erzeugt das vegetative Myzel zunächst einen aufrechten gabelig verzweigten Fruchtträger. Zwischen den Gabelzweigen bilden sich darauf kleine Ästchen, die aufeinander zuwachsen und nach der Berührung dick keulenförmig anschwellen (Abb. 12 I). Erst jetzt werden die eigentlichen Geschlechtszellen durch Querwandbildung in einem jeden der keulenförmigen Ästchen geschaffen (Abb. 12 II). Jede dieser Zellen enthält zahlreiche Kerne (Abb. 12 III). Die Geschlechtszellen sind also äußerlich vollkommen gleich, aber auch innerlich kann man bei Sporodinia keinen Unterschied zwischen ihnen feststellen. Es treten nämlich nicht etwa wie bei Albugo die Kerne der einen Zelle in die andere über, sondern der Befruchtungsakt geht in der Weise vor sich, daß die Wand zwischen ihnen ganz aufgelöst wird (Abb. 12 IV), und der Plasmainhalt samt den Kernen sich miteinander vermischt. Dabei verschmelzen diese wahrscheinlich paarweise miteinander, da man auf älteren Stadien nur noch etwa die halbe Anzahl von ihnen trifft (Abb. 12 V). Nach der Befruchtung rundet sich die durch die Verschmelzung der beiden Gametangien entstandene Zelle ab, umgibt sich mit einer dicken warzigen Membran (Abb. 12 VI) und wird so zur Dauerspore.

Wenn wir diese Vorgänge mit denen vergleichen, die wir bei den

1. Phycomycetes, Algenpilze

Oomyzeten kennen gelernt haben, so sehen wir deutlich, daß es sich auch hier um die Verschmelzung zweier Gametangien handelt, die, sich dem Luftleben anpassend, ihre Gameten nicht mehr ins Freie lassen, sondern sie direkt an ihren Bestimmungsort befördern. In dieser Beziehung zeigt also Sporodinia nicht mehr das ursprüngliche Verhalten, wie wir es bei dem Antheridium von Monoblepharis trafen.

In bezug auf die Differenzierung der Geschlechtsorgane dagegen hat sich Sporodinia ganz primitive Verhältnisse bewahrt: Man kann bei ihr keine männlichen und weiblichen Geschlechtsorgane unterscheiden, es herrscht also vollständige Isogamie.

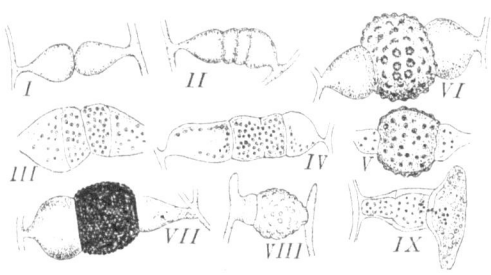

Abb. 12. Befruchtungsvorgang bei den Zygomyzeten. Nach Gruber und de Bary.

Zwischen dieser Isogamie und der Heterogamie, wie sie die Oomyzeten zeigen, scheint eine tiefe Kluft zu gähnen, aber sie ist in mancherlei Weise überbrückt. Wir sahen ja schon, daß die Heterogamie bei den Oomyzeten in ganz verschiedenem Grade ausgebildet ist, so daß bei manchen Formen wie bei Albugo bliti noch deutliche Anklänge an die Isogamie vorhanden sind. Andererseits finden wir bei den Zygomyzeten Formen, die eine größere oder geringere Hinneigung zur Heterogamie erkennen lassen. Da ist z. B. Mucor stolonifer, bei dem das eine Gametangium regelmäßig größer ist als das andere (Abb. 12 VII), ohne daß man sagen könnte, welches als weibliches und welches als männliches Organ aufzufassen ist, da die Entwicklung ganz mit der von Sporodinia übereinstimmt. Bei den Zygorynchus-Arten dagegen ist nicht nur die Differenzierung schon äußerlich sehr viel weiter gegangen (Abb. 12 VIII), sondern man konnte auch feststellen, daß hier aus dem einen Gametangium eine Plasmaportion mit einer Anzahl von Kernen durch eine kleine Öffnung in das andere Gametangium übertritt, und daß dort eine paarweise Verschmelzung der Kerne erfolgt (Abb. 12 IX). Hier können wir also das eine Gametangium als Antheridium, das andere als Oogonium bezeichnen.

28   Die Pilze. II. Spezieller Teil

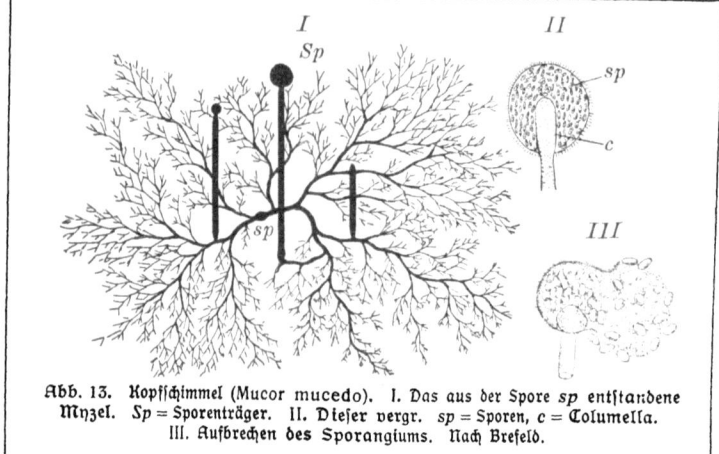

Abb. 13. Kopfschimmel (Mucor mucedo). I. Das aus der Spore sp entstandene Mzyel. Sp = Sporenträger. II. Dieser vergr. sp = Sporen, c = Columella. III. Aufbrechen des Sporangiums. Nach Brefeld.

Außer dieser morphologischen Differenzierung findet man, wie Blakeslee festgestellt hat, bei manchen Mukorineen noch eine rein physiologische. Bei diesen Pilzen gibt es zweierlei Arten von Myzelien, die zwar äußerlich durch nichts unterschieden sind, die aber innerlich geschlechtlich differenziert sein müssen. Denn nur, wenn zwei Myzelien von verschiedenem Geschlecht miteinander in Berührung kommen, entstehen in der Berührungszone die Geschlechtsorgane, die ihrerseits auch wieder ganz gleich gestaltet sind. Man kann auch hier nicht von männlichen und weiblichen Myzelien oder Organen sprechen, da gar keine unterscheidenden Merkmale vorhanden sind. Die Verhältnisse erinnern etwas an die Differenzierung in positive und negative Elektrizität, und Blakeslee bezeichnet deshalb die verschieden=geschlechtlichen Myzelien auch als + und − Myzelien.

Wir haben die Geschlechtsverhältnisse für alle Zygomyzeten gemeinsam behandelt, weil diese im wesentlichen bei allen übereinstimmen. Wenn wir nun auf ihre beiden wichtigsten Familien eingehen, müssen wir den Nachdruck auf die Betrachtung der ungeschlechtlichen Fortpflanzungsorgane legen, da sie durch diese hauptsächlich charakterisiert werden. Die eine, die **Mukorazeen,** ist nämlich durch den Besitz von Sporangien ausgezeichnet, während die andere, die Entomophtorazeen, dafür Konidien als ungeschlechtliche Fortpflan=

1. Phycomycetes, Algenpilze

zungsorgane haben. Bei den Sporangien der Mukorazeen muß man vegetative Sporangien und Keimsporangien unterscheiden. Die ersteren, die wir hier zunächst besprechen wollen, entsprechen den Zoosporangien der Monoblepharidazeen und der Saprolegniazeen, aber sie haben nur geringe Ähnlichkeit mit ihnen, was sich durch ihre Lebensweise leicht erklärt. Es sind typische Luftpilze, die man als „Schimmel" auf Brot, Früchten und Mist häufig antrifft. Es sind also im allgemeinen Saprophyten, einige, wie die schon erwähnte Sporodinia grandis parasitieren aber auch auf anderen Pilzen, und es sind sogar ein paar Arten bekannt, die, wenn sie in die Blutbahn von Tieren geraten, sich dort weiter entwickeln und Erkrankungen (Mykosen) hervorrufen können. Beim Menschen trifft man sie zuweilen bei Erkrankungen des Ohres

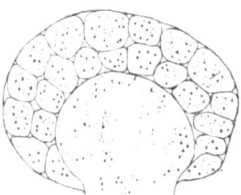

Abb. 14. Schnitt durch ein junges Sporangium von Mucor. Nach Harper.

(Otomycosis) an, aber wohl nur als sekundäre Erscheinung. An solchen Standorten bilden sie nur ein vegetatives Myzel, die Sporangien entstehen nur in der Luft, und zwar an aufrechten Trägern, die einfach oder verzweigt sein können (Abb. 13 I Sp). Dabei schwillt die Spitze des Trägers kugelig an und trennt sich von dem sonst querwandlosen Myzel durch eine halbkugelige Membran (Abb. 14). Die so gebildete junge Sporangiumanlage ist dicht mit Plasma erfüllt und enthält zahlreiche Kerne. Die Sporen entstehen ähnlich wie bei Saprolegnia durch Zerklüftung des Plasmas, wobei die einzelnen Plasmaklümpchen mehrere Kerne enthalten. Die Klümpchen runden sich ab (Abb. 14), umgeben sich mit einer Membran und liegen schließlich als eiförmige Sporen in dem kugeligen Sporangium (Abb. 13 II). Schon bei geringer Zunahme der Luftfeuchtigkeit zerfließt die stark hygroskopische Außenwand des Sporangiums und durch Verquellung einer Zwischensubstanz werden die einzelnen Sporen fortgeschleudert (Abb. 13 III).

Bei einem nahe verwandten Pilz, Pilobolus cristallinus, werden nicht die einzelnen Sporen, sondern das ganze Sporangium fortgeschleudert. Er wächst auf Pferdemist und hat seinen Artnamen daher, daß seine Sporangienträger mit kristallhellen Wassertröpfchen bedeckt sind (Abb. 15 I). Diese werden durch den hohen Druck, der im Innern der Träger herrscht, hinausgepreßt. Dieser Druck wird schließ-

30　Die Pilze. II. Spezieller Teil

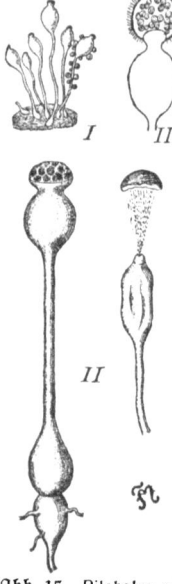

Abb. 15. Pilobolus cristallinus. I. 6 Sporangienträger etwas vergrößert. II. Ein Sporangiumträger vergrößert. III. Oberer Teil des Sporangiumträgers im opt. Längsschnitt. S = Sporangium mit Sporen. Nach Zopf.

s lich so stark, daß der Träger an der Spitze, wo das Sporangium einer bauchigen Erweiterung aufsitzt (Abb. 15 II), reißt. Das Wasser spritzt aus dem angeschwollenen Teil des Trägers hervor und reißt das Sporangium, das ihm nur locker aufsaß, weit mit sich fort. Auf diese Weise kann der „Geschoßschleuderer", wie der Gattungsname verdeutscht lautet, seine Sporen oft viele Zentimeter weit fortschießen. Und zwar schießt er sie immer in der Richtung des Lichteinfalls, weil der Sporangienträger sich genau in diese Richtung einstellt. Man hat diese Eigenschaft zu einem sehr hübschen physiologischen Experiment benutzt. Wenn man nämlich Mist mit sich entwickelnden jungen Sporangienträgern in eine Kiste gibt, in die Licht nur durch ein kleines Glasfensterchen fällt, so richten sich alle Fruchtträger nach diesem Fensterchen hin, an dem man nach einiger Zeit die abgeschossenen schwarzen Sporenmassen angeklebt findet (Abb. 16), die alle genau auf das Zentrum der Scheibe gezielt waren. Diese starke Lichtreizbarkeit des Pilzes ist für seine Fortpflanzung und Verbreitung von großer Bedeutung, denn sie muß bewirken, daß die Sporangien in der freien Natur immer nach dem Himmel zu, also nach oben abgeschossen werden. Dabei bleiben sie an Gräsern und Blättern hängen, werden mit diesen vom Vieh abgeweidet und können dann, da sie den Darm unversehrt passieren, weit verbreitet werden.

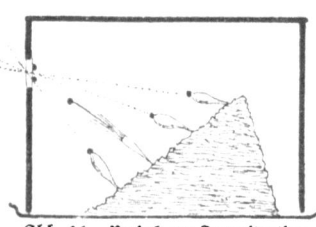

Abb. 16. Versuch zur Demonstration der Lichtreizbarkeit von Pilobolus. Nach Noll.

Bei den Oomyzeten sahen wir aus dem Zoosporangium der Saprolegniazeen durch Reduktion die Konidie der Peronosporazeen hervorgehen (S. 21). Etwas ähnliches findet man auch in der Reihe der Mukorazeen, auch hier wird das Sporangium allmählich reduziert, so daß schließlich eine einzellige Konidie übrig bleibt. Das beste Bei-

1. Phycomycetes, Algenpilze   31

spiel dafür bietet Thamnidium elegans. Seine Fruchtträger haben an der Spitze ein normales großes Sporangium (Abb. 17 I), aber weiter unten verzweigt sich der Träger und bildet eine Anzahl viel kleinerer Sporangien aus. Diese enthalten viel weniger Sporen als die normalen, die Zahl schwankt meistens zwischen 10 und 4 und manchmal geht sie herunter bis auf 1 (Abb. 17 II—V). Diese Mini=

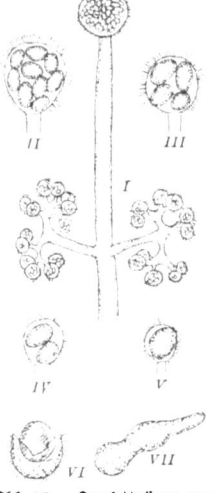
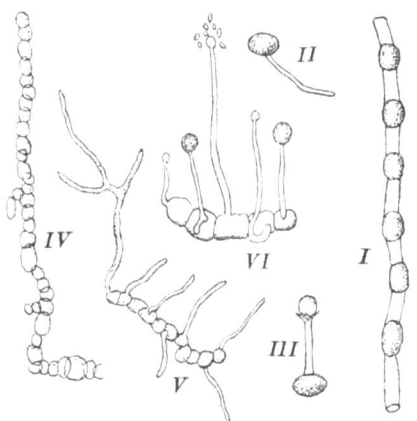

Abb. 17. Fruchtträger von Thamnidium. Nach Brefeld.   Abb. 18. Chlamydosporenbildung. Nach Brefeld.

atursporangien öffnen sich nicht mehr am Fruchtträger, sondern fallen als ganzes ab. Die Sporangiennatur ist aber auch bei den einzelligen, die äußerlich ganz wie Konidien aussehen, noch deutlich zu erkennen, wenn sie keimen. Dabei reißt nämlich erst die Sporangienwand auf und läßt die Spore heraustreten, erst diese bildet sodann den Keimschlauch (Abb. 17 VI und VII).

Mit dieser Konidienbildung ist aber die Reproduktionsmöglichkeit der Schimmelpilze noch nicht erschöpft. Unter schlechten Lebensbedingungen kann das Mnzel Chlamydosporen bilden (Abb. 18 I), wie wir das früher schon bei Monoblepharis kennen gelernt haben (S. 16). Diese Chlamydosporen bilden in einem flüssigen Substrat ein regelrechtes Mnzel (Abb. 18 II), auf trockenem Nährboden aber treiben sie sofort einen kleinen Sporangienträger (Abb. 18 III). Außerdem zeigen die Mukorazeen noch eine Art der ungeschlechtlichen Fort=

pflanzung, die wir bisher noch nicht angetroffen haben. Wenn man sie nämlich unter Wasser kultiviert, so treten in dem ursprünglich einzelligen Myzel zahlreiche Querwände auf, so daß es in ganz kurze Gliederzellen zerfällt (Abb. 18 IV). In einer wässerigen Nährlösung keimen diese Gemmen (gemma lat. = Knospe), wie man die Zellen nennt, vegetativ aus (Abb. 18 V), an der Luft erzeugt aber jede einen kleinen Sporangienträger (Abb. 18 VI). Schließlich dürfen wir nicht unerwähnt lassen, daß die Gemmen, wenn man sie in eine zuckerhaltige Nährlösung bringt, sich voneinander trennen und mit einem Sproßmyzel weiter wachsen. Sie können dann die Nährlösung unter Bildung von Alkohol und Kohlensäure vergären, wie wir das später bei den eigentlichen Hefepilzen genauer kennen lernen werden.

Außer den vegetativen Sporangien und den von ihnen abgeleiteten Fortpflanzungsformen, finden sich bei den Mukorazeen, wie oben erwähnt (S. 29), noch Keimsporangien, worunter man folgendes versteht. Wenn die Zygospore einer Mukorazee keimt, so treibt sie einen Keimschlauch, der immer mit einem, oder, wenn er verzweigt ist, mehreren Sporangien abschließt. Dieses sind die Keimsporangien, im Gegensatz zu den aus vegetativen Hyphen entsprossenen. Früher hat man zwischen den beiden keinen Unterschied gemacht, vor wenigen Jahren hat aber Burgeff nachgewiesen, daß die Kerne der Keimsporangienträger doppelt so groß sind und doppelt so viel Chromosomen (S. 9) enthalten wie die der vegetativen Sporangien. Erst bei der Bildung der Sporen im Keimsporangium werden die Chromosomen auf die normale Zahl (es sind in diesem Falle 12) reduziert. Wir lernen hier also zum erstenmal den Vorgang der Chromosomenreduktion kennen, der zwar auf jeden Sexualakt folgen muß, bei den Oomyzeten aber bisher noch nicht sicher beobachtet ist. Wahrscheinlich findet er dort bei der ersten Kernteilung in der keimenden Oospore statt, so daß es also im ganzen Entwicklungsgang nur eine Zelle, die Oospore, gibt, die die doppelte Chromosomenzahl aufweist. Dementsprechend meinte man, daß man sie auch bei der Keimung der Dauerspore der Zygomyzeten erwarten dürfe. Das ist nach Burgeffs Untersuchungen, wie gesagt, nicht so, sondern hier wird zwischen die Chromosomenverdoppelung beim Sexualakt und die Reduktion eine besondere Phase, der Sporangienträger, eingeschoben, der zahlreiche doppelt-chromosomige Kerne enthält, die sich auch während des Wachstums des Trägers durch Teilung noch reichlich vermehren. Diese dop-

1. Phycomycetes, Algenpilze

pelt=chromosomige Phase schließt dann ab mit der Bildung des Sporangiums, das wieder Sporen mit einfach=chromosomigen Kernen enthält. Bei der Keimung erzeugen die Sporen Myzelien mit einfacher Chromosomenzahl, die einerseits vegetative Sporangienträger mit einfacher Chromosomenzahl und andererseits aus dem Sexualakt wieder die doppelt=chromosomigen Keimsporangienträger entstehen lassen. So wechselt eine einwertige und eine zweiwertige Phase regelmäßig miteinander ab. Die einwertige geht von der Keimsporangienspore bis zu den Gametangien und die zweiwertige von der Zygospore bis zum Keimsporangium. Man hat diesen regelmäßigen Phasenwechsel zuerst bei den Farnen kennen gelernt, und da er dort auf zwei selbständige Pflanzen von ganz verschiedener Größe und Gestalt verteilt ist, die regelmäßig miteinander abwechseln, so hat man ihn den Generationswechsel genannt. Hier bei den Mukorazeen, wo beide Phasen auf derselben Pflanze sitzen und ferner zwei äußerlich ganz gleiche Gebilde (vegetative und Keimsporangien) verschiedenen Phasen angehören, wird man diesen Ausdruck besser vermeiden.

Die zweite Familie der Zygomyzeten, die wir hier besprechen wollen, sind die **Entomophtorazeen**. Dieses sind fast ausschließlich Parasiten auf Insekten. Am bekanntesten ist von ihnen die Empusa muscae, die unsere Stubenfliege befällt.

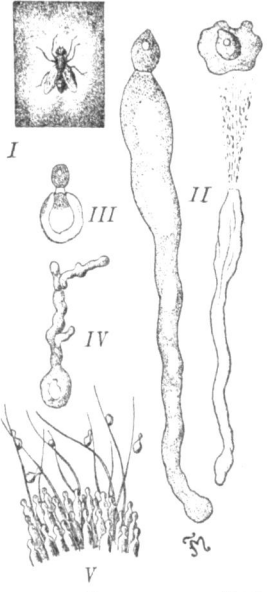

Abb. 19. Empusa muscae. Nach Brefeld.

Wohl jeder Leser hat schon einmal im Spätsommer und Herbst Fliegen mit gespreizten Flügeln und Beinen an den Fensterscheiben kleben sehen, umgeben von einem weißlichen feinkörnigen Hofe (Abb. 19 I). Sie waren von Empusa befallen und getötet. Die Entwicklung verläuft folgendermaßen. Eine Empusa-Spore, welche auf eine Fliege gelangt, bleibt leicht zwischen den Haaren des Fliegenkörpers kleben. Sie bildet dann einen kurzen Keimschlauch, welcher die Chitinhaut durchbohrt und in den Fettkörper der Fliege eindringt. Dort wächst er mit einem Sproßmyzel

weiter und hat nach 2—3 Tagen den ganzen Körper der Fliege an=
gefüllt. In ihren letzten Stunden heftet sich die Fliege gewöhnlich an
eine Fensterscheibe und verendet dort. Darauf entstehen an dem
Myzel Seitenzweige, die nach der Peripherie des Fliegenkörpers
wachsen und schließlich an ihm zutage treten (Abb. 19 V). An ihnen
wird nun je eine Konidie abgeschnürt (Abb. 19 II), die etwas in die
Träger hineinragt, so daß sie in ihm wie ein Kork in einem Flaschen=
hals sitzt. Der Konidienträger nimmt nun Wasser in sich auf, und,
wenn der Druck zu hoch steigt, wird die Konidie wie der Pfropfen
aus einer Champagnerflasche herausgeschleudert (Abb. 19 II rechts).
Dabei reißt sie einen Teil des Plasmas des Konidienträgers mit sich
fort, das ihr als Klebemasse gute Dienste leistet. Von diesem Koni=
dienbombardement rührt der weißliche Hof her, der die tote Fliege
umgibt. Kommt während dessen eine gesunde Fliege vorbei und wird
von einer Konidie getroffen, so geht der geschilderte Entwicklungs=
lauf von neuem an, und unter Umständen können auf diese Weise
Epidemien entstehen, die unter den Stubenfliegen in recht wohl=
tätiger Weise aufräumen. Trifft die Konidie beim ersten Schuß nicht
ihr Ziel, so kann sie statt zu keimen eine neue kleine Konidie bilden
und abschießen (Abb. 19 III).

Daß die Entomophtorazeen zu den Zygomyzeten gehören, zeigt
sich bei der geschlechtlichen Fortpflanzung, die im Prinzip so wie bei
Zygorynchus (Abb. 12 VII—IX) verläuft. Etwas unsicher ist die
Ableitung der Konidien. Es fehlen bei ihrer Entwicklung die deut=
lichen Hinweise auf die Sporangiennatur, die wir bei den Perono=
sporazeen und bei den Mukorazeen kennen gelernt haben, so daß wir
nicht mit Bestimmtheit sagen können, daß sich auch die Konidien der
Entomophtorazeen von Sporangien ableiten lassen.

2. Ascomycetes, Schlauchpilze.

Neben den Phykomyzeten, mit denen wir uns bisher beschäftigt
haben, stehen die beiden Klassen der Askomyzeten und der Basidiomy=
zeten. Man faßt sie oft unter dem gemeinsamen Namen der Eumyzeten
(eu gr. = recht) zusammen. Man bezeichnet sie als die „richtigen"
Pilze, weil sie sich sowohl in ihrer Lebensweise als auch in ihrer
Gestalt weiter über die grünen Vorfahren hinaus entwickelt haben
als die Algenpilze. Es sind in ihren typischen Formen Landpflanzen
und ihre charakteristischen Eigenschaften sind einerseits die Vielzellig=

2. Ascomycetes, Schlauchpilze 35

keit ihrer durch zahlreiche Querwände gegliederten vegetativen Hyphen im Gegensatz zu den schlauchförmigen einzelligen Hyphen der Phykomyzeten. Andererseits ihre komplizierten großen Fruchtkörper — man denke nur an die Hutpilze — im Gegensatz zu meist mikroskopisch kleinen, die wir bei den Algenpilzen kennen lernten. Die vegetativen Hyphen, die bei den Phykomyzeten nur ein ganz lockeres Myzel zu bilden vermochten, verflechten sich bei den Eumyzeten zu den schon im allgemeinen Teil geschilderten (S. 10) Häuten, Strängen und Sklerotien und sind auch an dem Aufbau der erwähnten Fruchtkörper beteiligt. Die Eumyzeten stehen als Ganzes also zweifellos auf einer höheren Entwicklungsstufe als die Phykomyzeten. Das schließt natürlich nicht aus, daß einzelne Gruppen von ihnen noch auf einem primitiven Stadium stehen geblieben oder durch Anpassung an besondere Lebensumstände wieder zu einfacher Gestaltung zurückgekehrt sind.

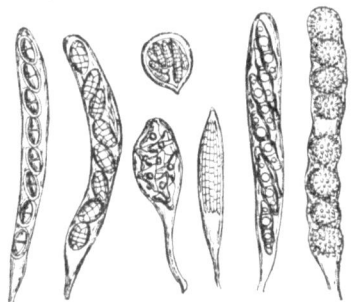

Abb. 20. Verschiedene Schlauchtypen von Askomyzeten. Nach Eichinger.

Wir beschäftigen uns zunächst mit den Askomyzeten (askós gr. = Schlauch), die, wie alle großen Pilzgruppen, ihren Namen von der Form der für sie charakteristischen Fortpflanzungsorgane haben. Dieses sind schlauch- oder sackförmige Hyphen, die in ihrem Innern eine bestimmte Anzahl — in den meisten Fällen acht — Sporen bilden. Diese Schläuche oder Asken, von denen die Abb. 20 einige Typen wiedergibt, entstehen durch einen komplizierten Geschlechtsakt. Es hat eines langen Kampfes bedurft, bis sich diese schon von dem Freiburger und später Straßburger Botaniker de Bary vor allem Brefeld gegenüber vertretene Auffassung durchsetzen konnte. Erst mit einer im Jahre 1912 erschienenen Arbeit von Claußen ist die Entwicklungsgeschichte wenigstens eines einzigen Askomyzeten in allen Einzelheiten aufgeklärt worden. Claußens Darstellung des Sexualaktes von Pyronema confluens wollen wir deshalb hier folgen.

Wenn der Pilz zur Fruchtkörperbildung schreitet, so wachsen aus zwei Zellen, die derselben Hyphe oder auch benachbarten Hyphen angehören können, je ein Ast heraus, der sich mehrfach in dicke kurze

Zweige gabelt. Der eine Ast ist männlichen Geschlechts, der andere weiblichen. Ihre Gabelzweige flechten sich derart in einander, daß sie meistens paarweise zusammenliegen. Darauf wandeln sie sich zu Sexualorganen um, indem die vorletzte Zelle der weiblichen Zweige zum dickbauchigen Askogonium wird, das an seiner Spitze die schlanke Trichogyne (thrix gr. = Haar und gyné gr. = Weib) als Empfängnisorgan trägt, und die letzte Zelle der männlichen Zweige des Antheridium bildet. Ein glücklich geführter Mikrotomschnitt liefert dann das in Abb. 21 I wiedergegebene Bild. Das Askogonium (ask.) steht durch eine scheibenförmige Zelle mit dem Hyphensystem in Verbindung. Oben ist es durch die Trichogyne (tr.) gekrönt, die das Antheridium (an.) umfaßt. In allen drei Zellen sind deutlich eine große Anzahl von Kernen zu erkennen. Die Befruchtung erfolgt in der Weise, daß zunächst die Kerne in der Trichogyne degenerieren. Darauf bildet sich eine Öffnung zwischen Antheridium und Trichogyne, durch die die männlichen Kerne in die Trichogyne einwandern. Dieses Stadium ist in Abb. 21 II dargestellt. Hier liegen Askogonium und Antheridium nicht nebeneinander, wie in der Abb. 21 I, sondern stehen nur durch die Trichogyne in Verbindung. In dieser sind die Kerne undeutlich und zum Teil verschwunden, während schon der erste Antheridiumkern in sie eingetreten ist. Wenn ihm die übrigen gefolgt sind, löst sich auch die Wand zwischen Trichogyne und Askogonium und die männlichen Kerne setzen ihre Wanderung in die letztgenannte Zelle fort. Das zeigt die Abb. 21 III, wo das Antheridium und die Trichogynspitze weggeschnitten sind. Die Wand zwischen Askogonium und Trichogyne ist verschwunden und an ihrer Stelle liegen eine Anzahl dicht gehäufter Kerne, die offenbar aus dem Antheridium stammen und im Begriffe sind, in das Askogonium zu wandern. Hat sich das vollzogen, so wird das Askagon wieder durch eine Wand von der entleerten Trichogyne abgeschnitten, worauf diese und das Antheridium absterben (Abb. 21 IV). Nach dem, was uns über den Sexualakt bei den Phykomyzeten bekannt geworden ist, sollten wir jetzt eine Verschmelzung der männlichen und weiblichen Kerne erwarten. Claußen stellte aber fest, daß diese bei Pyronema erst später eintritt. Einstweilen legen sich die männlichen und weiblichen Kerne nur nebeneinander. Das sieht man schon in der Abb. 21 IV, noch deutlicher aber in der Abb. 21 V, die einen Querschnitt durch ein befruchtetes Askogon darstellt. Aus dem Askogon wachsen dann

2. Ascomycetes, Schlauchpilze

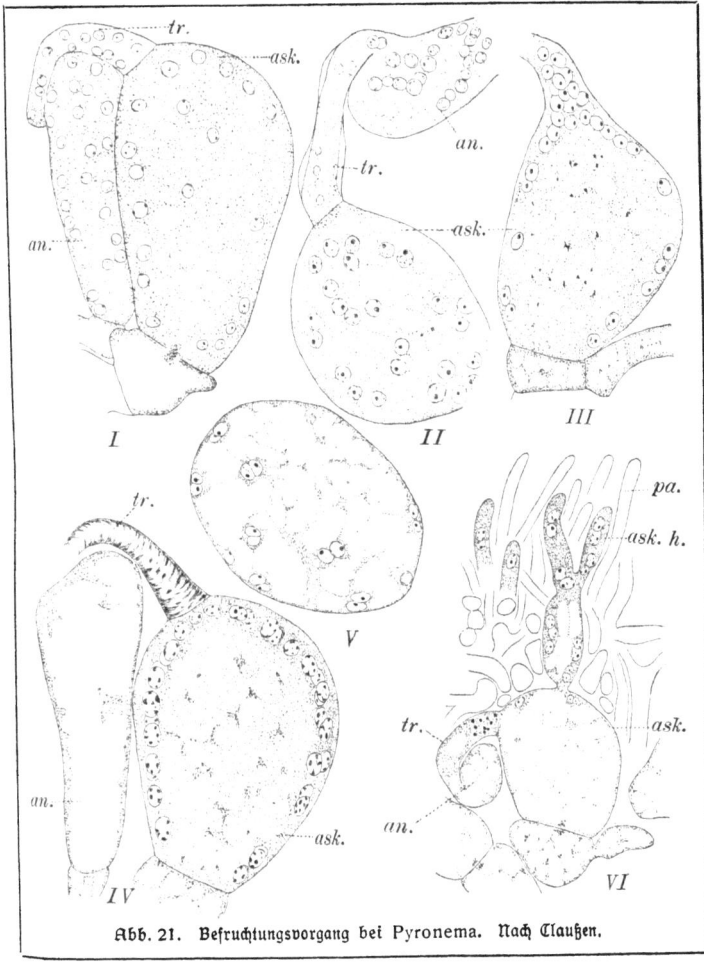

Abb. 21. Befruchtungsvorgang bei Pyronema. Nach Claußen.

die askogenen Hyphen hervor (Abb. 21 VI *ask. h.*), in welche die unverschmolzenen Kernpaare einwandern. Man erkennt in der Abb. 21 VI noch die degenerierten Zellen der Trichogyne und des Antheridiums und außennem (nur in Umrißlinien) die Paraphysen (pará gr. = neben, nebenbei und physis gr. = Wesen, das Erzeugte), die wesentlich mit zur Fruchtkörperbildung beitragen, aber nicht aus den Sexualorganen entstehen. Die askogenen Hyphen werden etwa doppelt so lang wie das Stadium der Abb. 21 VI das zeigt. Während dieser Wachstumsperiode treten nirgends Kernverschmelzungen ein. Die Kernpaare wandern miteinander weiter und treten auch gleichzeitig in Teilungen ein (Abb. 22 I), so daß man von konjugierten Teilungen spricht. Schließlich gehen die Endzellen, aber auch manche von den anderen Zellen der askogenen Hyphen zur Askusbildung über. Dabei wachsen sie zu einem ganz charakteristischen Haken aus, in den ein Kernpaar, also ein männlicher und ein weiblicher eintreten (Abb. 22 II). Bei der nun folgenden konjugierten Kernteilung werden die Spindeln so orientiert, daß eine in der Längsachse des Hakenstiels und eine in der der Hakenspitze liegt (Abb. 22 III). Bei dieser Teilung kann man, wenn der Schnitt des mikroskopischen Präparates entsprechend orientiert ist, feststellen, daß die Zahl der Chromosomen bei Pyronema 12 beträgt (Abb. 22 IV). Nach der Teilung sind im Haken vier Kerne vorhanden, zwei im Hakenbogen, einer im Hakenstiel und einer in der Hakenspitze (Abb. 22 V). Der Hakenstielkern und ein Kern des Hakenbogens sind Schwesterkerne, also von demselben Geschlecht, und das Gleiche gilt von dem andern und dem Hakenspitzenkern. Darauf wird je eine Wand im Hakenstiel und in der Hakenspitze gebildet (Abb. 22 VI), so daß in der so entstandenen Hakenbogenzelle ein Paar von Kernen verschiedenen Geschlechts liegen und Stiel und Spitze zusammen ebenfalls ein verschiedengeschlechtliches Paar enthalten. In dem Hakenbogen tritt nun als Abschluß des Sexualaktes die Kernverschmelzung ein (Abb. 22 VII). Die Zelle selbst wächst dann zum Askus aus (Abb. 22 VIII), in dem die Sporen gebildet werden.

Ehe wir deren Entstehung schildern, müssen wir noch einmal auf die Hakenbildung zurückkommen. Man könnte mit Recht fragen, wozu diese komplizierte Kern- und Zellteilung, denn das schließliche Ergebnis — die Verschmelzung eines männlichen und eines weiblichen Kernes — hätte auch ohne die Hakenbildung erfolgen können? Die Antwort geben die Abb. 22 IX—XI, wo man sieht, daß noch vor der Verschmelzung der Askuskerne zwischen dem Hakenstiel und der Hakenspitze ein Loch entsteht, durch das der Kern des Stiels in die Spitze einwandert. Nun sind also wieder zwei verschieden geschlechtliche in der Spitze beisammen, und die Folge davon ist, daß die

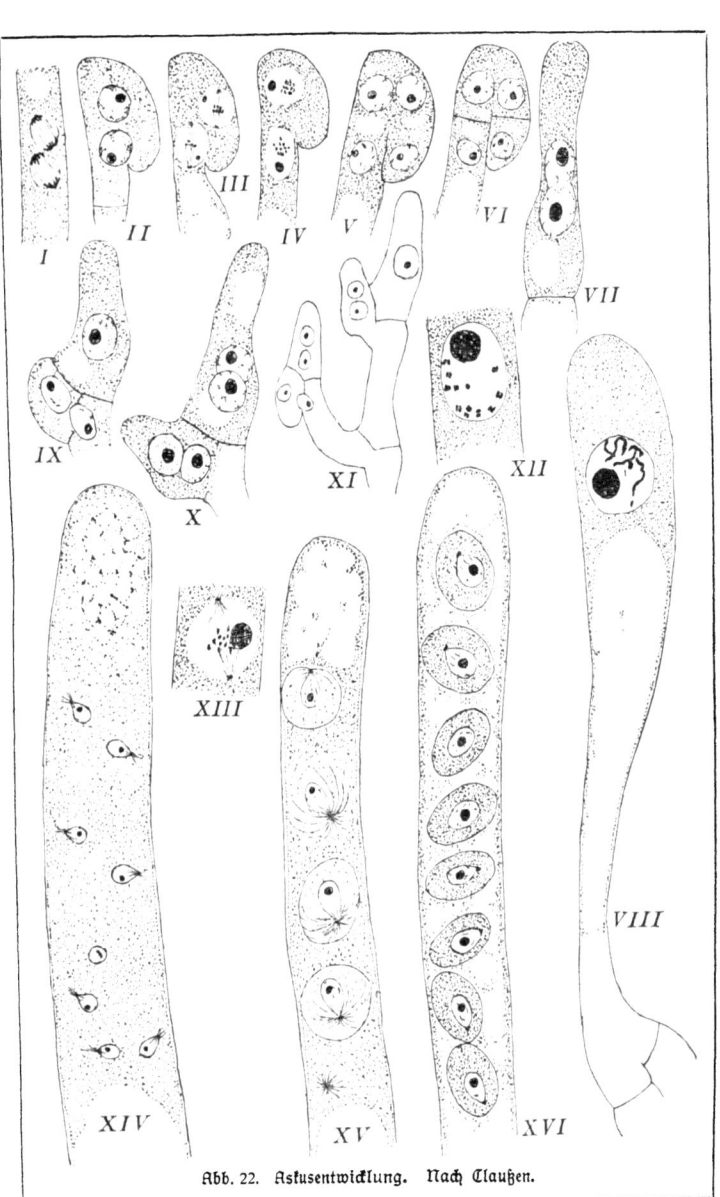

Abb. 22. Askusentwicklung. Nach Claußen.

Hakenspitze jetzt wieder zu einer neuen askogenen Hyphe auswachsen kann (Abb. 22 X, XI). Dieser Vorgang kann sich mehrfach wiederholen, und die Bedeutung der Hakenkrümmung ist danach klar. Kämen die Kernpaare in den Zellen des askogenen Hyphen direkt zur Verschmelzung, so könnte aus jeder Zelle nur ein Askus hervorgehen, während infolge der Hakenentstehung stets zwei Kerne ungleichen Geschlechtes für die Bildung weiterer Asken in Reserve bleiben.

Im Askus entstehen, wie erwähnt, die Sporen. Da es gewöhnlich acht sind, muß sich der Verschmelzungskern dreimal teilen, um für jede Spore einen Kern zu liefern. Die erste dieser Teilungen ist besonders wichtig, weil es einer von den wenigen Fällen ist, wo man im Pilzreich eine Chromosomenreduktion feststellen konnte. Darunter versteht man (vgl. S. 13) die Herabsetzung der durch den Sexualakt verdoppelten Chromosomenzahl auf die Normalzahl. Sie geht bei Pyronema in wesentlich derselben Weise vor sich, wie das für die höheren Pflanzen bekannt ist. In dem Verschmelzungskern treten die Chromosomen zunächst als auffallend dicke, plumpe Fäden hervor (Abb. 22 VIII). Es sind wieder 12 wie bei den gewöhnlichen Teilungen, aber ein genaueres Studium zeigt, daß jeder Punkt bei der gewöhnlichen Teilung einfach (Abb. 22 IV) und bei ersten Teilung im Askus doppelt ist (Abb. 22 XII). Die 12 Doppelpunkte repräsentieren also 24 Chromosomen, und bei der nun folgenden Teilung werden ganze Chromosomen an die Spindelpole befördert, so daß jetzt wieder die Normalzahl 12 hergestellt ist. Man kann das unter anderem daran erkennen, daß die Chromosomen bei der Reduktionsteilung viel größer sind (Abb. 22 XIII) als bei der gewöhnlichen (Abb. 22 III). Bei den höheren Pflanzen sind diese Verhältnisse entsprechend den viel größeren Kernen erheblich klarer, und erst die bei deren Studium gewonnenen Ergebnisse ermöglichten eine richtige Deutung dieser Vorgänge auch bei den Pilzen. Wir werden aber auch bei diesen noch einen Fall kennen lernen, wo sie deutlicher zu erkennen sind als bei Pyronema.

Aus den so entstandenen beiden Kernen werden durch zweimal wiederholte Teilung acht, die alle birnförmige Gestalt annehmen und ein Zentriol mit deutlicher Strahlung zeigen (Abb. 22 XIV). Diese Strahlung tritt sonst nur bei der Kernteilung mehr oder weniger klar hervor (Abb. 1 III), ohne daß man dort ihre Bedeutung erkennen könnte. Hier an den Askosporenkernen hat sie aber eine

2. Ascomycetes, Schlauchpilze

ganz bestimmte Funktion. Man sieht nämlich, wie sie sich allmählich um den ganzen Kern verbreitet, wobei die Strahlen an der Rückseite wieder ineinander laufen, so daß sie eine eiförmige Plasmapartie um den Kern herum abgrenzen (Abb. 22 XV). Darauf verdichtet sich diese durch die Strahlung gebildete Grenzschicht zu einer Membran, die Kerne lösen sich von ihr ab und rücken in die Mitte des so geschaffenen Körpers, und die Sporen sind im wesentlichen fertig (Abb. 22 XVI).

Wie aus unserer Schilderung schon hervorgeht, werden Schläuche mit solchen Sporen in jedem Fruchtkörper in großer Zahl angelegt. Sie stehen alle in ziemlich gleicher Höhe senkrecht nebeneinander, getrennt und gestützt durch gleichlange aber dünnere vegetative Hyphen, die sogenannten Paraphysen, die wir früher schon kennen lernten (Abb. 21 VI). Ein Längsschnitt durch einen solchen Fruchtkörper macht dann ungefähr den Eindruck, wie ihn die Abb. 33 wiedergibt. Wenn wir jetzt noch erwähnen, daß die Schläuche bei der Reife durch den Überdruck ihres eigenen Zellsaftes an der Spitze aufreißen und ihre Sporen dabei hinausspritzen, die dann zu neuen Pflanzen auskeimen können, so haben wir den Entwicklungsgang von Pyronema confluens in allen wichtigen Punkten dargestellt, denn andere Fortpflanzungsorgane besitzt der Pilz nicht.

Wir haben bei ihm so lange verweilt, weil er der wohl am sorgfältigsten studierte Pilz ist, und seine Entwicklungsgeschichte bedeutsames Licht wirft sowohl auf die Beziehungen zwischen den Phykomyzeten und den Eumyzeten als auch zwischen den einzelnen Gruppen der Eumyzeten. Es macht keine besonderen Schwierigkeiten, sich den Befruchtungsapparat von Pyronema aus dem der Phykomyzeten hervorgegangen zu denken. Man vergleiche ihn z. B. mit dem von Albugo bliti (Abb. 10). Das vielkernige Antheridium ist bei beiden Pilzen ohne weiteres gleich zu setzen, ebenso ist das vielkernige Oogon von Albugo dem vielkernigen Askogon von Pyronema gleichwertig. Auch die Trichogyne bei Pyronema ist keine völlige Neuerwerbung, für diese ist in der Kopulationspapille von Albugo (Abb. 10 II) eine Art Vorläufer vorhanden. Man kann sich diese Papille leicht zu der Trichogyne von Pyronema verlängert denken. Daß bei Albugo nur ein männlicher und ein weiblicher Kern ihre sexuelle Funktion ausüben, während das bei Pyronema fast alle tun, ist kein wesentlicher Unterschied, denn wir sahen ja, daß auch bei Albugo alle Kerne ihrem Wesen nach als Gametenkerne aufzufassen sind und ihre Behälter als Gametangien. Das gilt natürlich auch für das Antheridium und Askogon von Pyronema, und wir sehen daraus, daß es keine große Kluft zwischen den Askomyzeten und den Phykomyzeten vom Typus der Oomyzeten gibt.

Soll man sie sich nun direkt auseinander entstanden denken? Dagegen spricht wohl das Einschieben der askogenen Hyphen zwischen die Kernpaarung im Askogon und ihre Verschmelzung mit darauffolgender Reduktion im jungen Askus. Davon finden wir bei den Oomyzeten nichts, dagegen erinnern wir uns bei den Zygomyzeten, speziell den Mukorazeen, etwas ähnliches beobachtet zu haben (S. 32). Dort war zwischen den Sexualakt und die Reduktion der Keimsporangienträger eingeschoben, so daß wir zum erstenmal zwei deutlich unterscheidbare und regelmäßig miteinander abwechselnde Phasen im Entwicklungsgang konstatieren konnten, von denen die eine — Keimsporangium bis Gametangium — die einfache, und die andere — Zygospore bis Keimsporangium — die doppelte Chromosomenzahl aufwies. Bei den Askomyzeten stellen offenbar die askogenen Hyphen diese zweiwertige Phase dar. Daß in ihr die beiden Geschlechtskerne nicht verschmolzen sondern nur gekoppelt sind, bedeutet keinen wesentlichen Unterschied. Es ist nämlich so gut wie sicher, daß auch bei den Formen, bei denen schon zu Beginn des Sexualaktes eine Kernverschmelzung eintritt, doch die männlichen und weiblichen Chromosomen erst während der Vorbereitung zur Reduktion miteinander verschmelzen. Der Unterschied in dem Verhalten der beiden Fälle ist also im wesentlichen nur der, daß in dem Keimsporangienträger von Phycomyces die männlichen und weiblichen Chromosomen von einer Kernmembran umschlossen sind und in den askogenen Hyphen von Pyronema von zweien.

Wir kommen also zu dem Ergebnis, daß der Keimsporangienträger von Phycomyces und die askogenen Hyphen von Pyronema gleichwertige Organe sind. Daraus würde folgen, daß auch das Keimsporangium mit dem Askus gleichwertig ist, denn beide schließen die zweiwertige Phase ab, beide sind der Ort der Chromosomenreduktion. Das klingt wie ein Aufleben der alten Theorie Brefelds, des Gegners de Barys. Jener leitete allerdings auch die Asken von den Sporangien der Zygomyzeten ab, aber er vertrat, wie wir oben schon erwähnten (S. 35), die falsche Auffassung, daß die Askomyzeten un-

2. Ascomycetes, Schlauchpilze

geschlechtlich seien. Er stellte deshalb auch die Asken in Parallele mit den vegetativen Sporangien der Zygomyzeten. Das war natürlich ganz falsch, denn wir sahen, daß diese zu der einwertigen Phase des Entwicklungsganges gehören, während die Asken den Abschluß der zweiwertigen Phase bilden. Den Unterschied zwischen vegetativen und Keimsporangien kannte man damals noch nicht. Wenn wir also heute kein Bedenken tragen, Askus und Keimsporangium gleich zu setzen, so hat das mit der alten Brefeldschen Theorie gar nichts zu tun.

Mit dieser Gleichsetzung ist nun natürlich ebensowenig gesagt, daß die Askomyzeten direkt von den Zygomyzeten abzuleiten sind, wie wir aus der Vergleichbarkeit der Sexualorgane von Askomyzeten und Oomyzeten auf allzunahe Verwandtschaft zwischen diesen beiden Gruppen schließen durften. Man wird sich mit der allgemeinen Feststellung begnügen müssen, daß die Askomyzeten von den Phykomyzeten abstammen, und nicht etwa von den Florideen (den roten Algen), wie man früher vielfach annahm. Bei diesen findet die Befruchtung durch unbewegliche männliche Fortpflanzungszellen, die Spermatien (spermátion gr. = kleiner Same), statt, die passiv an die frei ins Wasser ragenden haarartigen Fäden (daher der Name „Trichogyne") getrieben werden und dann die Befruchtung bewirken. Solche Spermatien und Trichogynen glaubte man auch bei manchen Askomyzeten gefunden zu haben. (Die Trichogyne von Pyronema wäre danach ein abgeleitetes Organ.) Besonders die vorwiegend in wärmeren Ländern auf Insekten schmarotzenden Laboulbeniazeen sollten eine regelmäßige Spermatienbefruchtung zeigen. Die einzige mit modernen Mitteln angestellte Untersuchung einiger Laboulbenien hat aber gar keine Hinweise in dieser Richtung zutage gefördert, und bei dem anderen Hauptbeispiel der Florideentheorie, Polystigma, ist kürzlich von Nienburg nachgewiesen, daß die „Trichogyne" eine gewöhnliche vegetative Hyphe ist, und daß die Befruchtungsverhältnisse deutliche Anklänge an die Monoblepharidazeen zeigen.

Die Askomyzeten haben sicherlich von verschiedenen Stellen der Phykomyzeten ihren Ursprung genommen. Manche zeigen nahe Beziehungen zu den Oomyzeten, andere wieder zu den Zygomyzeten, und einige kann man auf ganz bestimmte Familien zurückführen, wie eben schon von Polystigma erwähnt wurde. Aber so interessant es wäre, den angedeuteten Beziehungen nachzugehen und die mannigfaltigen Entwicklungstypen der Askomyzetenfruchtkörper, die die neuere Pilz=

44 Die Pilze. II. Spezieller Teil

forschung aufgedeckt hat, zu schildern, müssen wir uns hier doch mit dem weitaus am besten bekannten Beispiel von Pyronema begnügen und wollen nun die wichtigsten Unterordnungen und Familien der Askomyzeten in ihren Besonderheiten kennen lernen.

a) **Plectascineae.** Diese Unterordnung ist charakterisiert durch ihre rundlichen Fruchtkörper, die außen meist von einer geschlossenen Hülle umgeben werden (Abb. 23 I). Die rundlichen Asken sind darin ganz regellos eingebettet, und die Sporen werden erst frei, wenn der ganze Fruchtkörper zerfällt.

Abb. 23. I. Askusfruchtkörper von Aspergillus. II. Konidienträger von Aspergillus. III. Konidienträger von Penicillium. Nach de Bary und Kny.

Wir wollen von ihr nur die Familie der **Aspergillazeen** besprechen. Zwei hierher gehörige Pilze sind als Schimmelbildner auf pflanzlichen Substraten, also Brot, eingekochten Früchten usw. allgemein bekannt und dort noch häufiger als die Mukorazeen. Der eine ist der Gießkannenschimmel Aspergillus. Sein Name rührt von der Konidienfruchtform her, die er wie viele Askomyzeten neben dem Askusfruchtkörper führt. Die Konidien entstehen an aufrechten Trägern, die oben blasig anschwellen und hier nach allen Seiten ganz kurze Zweiglein ausstrahlen lassen, auf denen in langen Ketten die Konidien abgeschnürt werden (Abb. 23 II). Das Ganze ähnelt dann etwas den Wasserstrahlen und -tropfen, die aus einer Gießkanne strömen. Die Konidienträger stehen in großen Mengen nebeneinander und färben auf diese Weise das Substrat je nach der Art in graue, grüne, auch bräuliche und rötliche Töne. Aspergillus oryzae spielt in Ostasien bei der Bereitung des Reisschnapses eine große Rolle. Er hat die Fähigkeit, die Stärke des Reises in Zucker zu verwandeln, der dann in der üblichen Weise vergoren werden kann. Deshalb wird der Pilz in den Brauereien in großen Mengen gezüchtet.

Der gemeinste Askomyzetenschimmel und überhaupt wohl der häufigste von allen Schimmel bildenden Pilzen ist Penicillium crustaceum. Dieser hat seinen Namen Pinselschimmel ebenfalls von der

2. Ascomycetes, Schlauchpilze

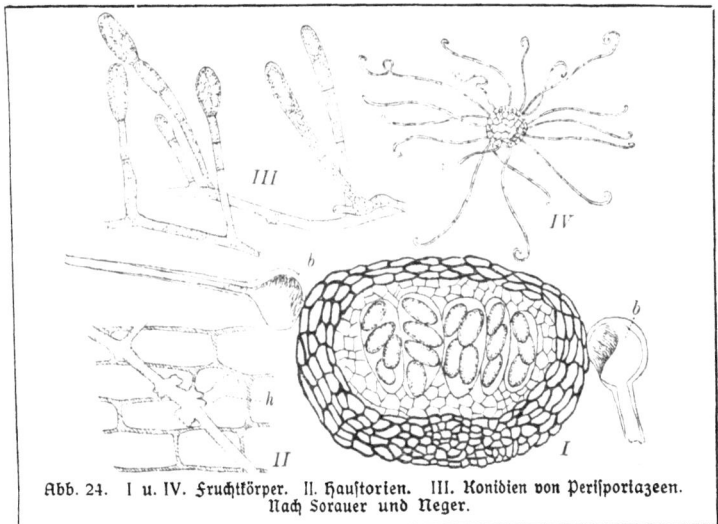

Abb. 24. I u. IV. Fruchtkörper. II. Haustorien. III. Konidien von Perisporiazeen. Nach Sorauer und Neger.

Gestalt seiner Konidienträger, die mehrmals hintereinander in wenig gespreizte Zweige geteilt sind, an deren Enden Konidienketten entstehen (Abb. 23 III). Die blaugrünen Konidienrasen finden sich überall auf Brot, faulendem Obst und ähnlichen Substraten. Im allgemeinen sind alle Aspergillazeen Saprophyten, manchmal geht aber Penicillium auch auf lebendes Gewebe von geschwächten Pflanzenteilen über.

b) **Perisporineae.** Eine gleichfalls durch rundliche Askusfrüchte, die sich erst beim Verwittern der Hülle durch Aufplatzen öffnen, charakterisierte Gruppe. Die Asken sind aber darin nicht mehr ganz regellos verteilt wie bei den Plektaszineen, sondern sind am Grunde des Fruchtkörpers büschelig angeordnet (Abb. 24 I).

Wir wollen auch von ihnen nur eine Familie, die **Erysiphazeen** betrachten. Sie enthält ausschließlich Parasiten auf höheren Pflanzen und ist besonders wichtig, weil einige der gefährlichsten Krankheitserreger zu ihr gehören. Es sind die „echten" Mehltaupilze, im Gegensatz zu dem „falschen" Mehltau Plasmopora viticola, den wir früher kennen lernten (S. 22). Der Name rührt daher, daß das weiße Mycel die befallenen Pflanzenteile spinnwebartig überzieht und durch die reichliche Konidienproduktion ein mehliges Aussehen bekommt. Bei der Gattung Phyllactinia, die den Mehltau auf Laubbäumen, besonders der Eiche hervorruft, dringen die Hyphen durch die Spaltöffnungen der Wirtspflanze ein, wuchern in den Zwischenzellräumen und senden dann Haustorien in die Zellen. Bei den anderen Gattungen dagegen bleibt das Myzel rein oberflächlich. Die Hyphen werden dabei durch kerbig-lappige Verbreiterungen an der Epidermis festgeheftet (Abb. 24 II), und die Nahrungsaufnahme erfolgt in der Weise, daß von dieser Stelle aus Haustorien in Form von fingerförmigen Fortsätzen in die Epidermis eindringen (Abb. 24 II h).

Die Konidienbildung geht in der Weise vor sich, daß sich aufrechte unverästelte Hyphen über die Blattfläche erheben, deren einzelne Zellen durch eiförmige Abrundung zerfallen (Abb. 24 III). Die so entstandenen Konidien nennt man ihrer Form wegen auch Oidien. Früher, als man die Zugehörigkeit dieser Konidienform zu den Erysiphazeen noch nicht festgestellt hatte, hielt man sie für eine besondere Pilzgattung und nannte sie Oidium, eine Bezeichnung, die man auch jetzt noch für alle Erysiphazeen anwendet, deren Fruchtkörper noch nicht bekannt sind. Diese Fruchtkörper sind sehr charakteristisch, sie sind sehr klein, mit bloßem Auge kaum zu erkennen, aber durch ihre merkwürdigen Anhängsel ausgezeichnet. Diese sind bei einer Gattung spiralig eingerollt (Abb. 24 IV), bei einer anderen borstenförmig und bei einer dritten geweihartig verzweigt. Die Anhängsel dienen hauptsächlich der Befestigung bei der Verbreitung der, sich ja erst ganz allmählich durch Verwitterung öffnenden, Fruchtkörper durch Tiere, oder auch zur Anheftung am neuen Substrat. Die borstenförmigen Anhängsel dagegen lösen die Fruchtkörper vom alten Substrat ab, indem sie beim Eintrocknen um eine gelenkartige Verdickung nach unten kippen (Abb. 24 I b, wo aus Platzmangel der Hauptteil der Borsten weggelassen werden mußte). Dadurch wird der Fruchtkörper gewissermaßen auf Stelzen gestellt und von den Hyphen losgerissen.

Die gefährlichste Erysiphazee ist der „echte" Mehltau des Weinstocks, auch Äscherich genannt. Er kommt bei uns fast nur in der Oidiumform vor und wird deshalb meistens Oidium Tuckeri genannt. Es ist aber nachgewiesen, daß die als Uncinula necator bekannte Fruchtform dazu gehört, so daß dies der richtige Name des Pilzes ist. Er verbreitete sich um die Mitte des vorigen Jahrhunderts von

2. Ascomycetes, Schlauchpilze

England aus in kurzer Zeit über ganz Europa und tat trotz des nur oberflächlichen Myzels deshalb so ungeheueren Schaden, weil er nicht nur die Blätter, sondern auch die Beeren befällt. Ihre Epidermis stirbt dabei ab, trocknet ein und kann dem Druck des sich ausdehnenden Beerenfleisches nicht mehr nachgeben, so daß die Beeren noch unreif platzen. Von Bekämpfungsmitteln hat sich bestäuben mit ganz fein gemahlenem Schwefel am besten bewährt.

Ein anderer hierher gehöriger Krankheitserreger, der erst ganz neuerdings bei uns eingeschleppt wurde, ist der amerikanische Stachelbeermehltau, Sphaerotheca mors uvae. Erst 1904 wurde der gefährliche Pilz, der aus Nordamerika stammt, über Rußland bei uns eingeschleppt.

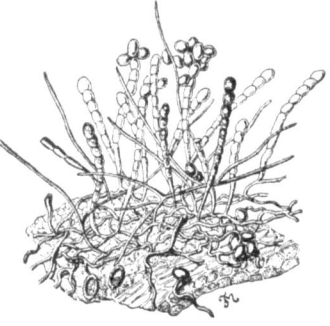

Abb. 25. Konidienbildung von Sphaerotheca pannosa. Nach Eichinger.

Inzwischen hat er sich über die östlichen Provinzen bis nach Mitteldeutschland und südlich bis nach Österreich verbreitet. Er überzieht die Stachelbeeren mit einem dicken bräunlichen Filz und hat den Kulturen schon großen Schaden zugefügt.

Schließlich ist noch der gefürchtete Rosenmehltau, Sphaerotheca pannosa, zu nennen, der fast jedes Jahr besonders unsere Rankrosen befällt (Abb. 25). Auch gegen ihn hilft Schwefeln, aber am besten rettet man sich vor ihm, wenn man Sorten anpflanzt, die wenig empfänglich für die Krankheit sind. In der Erscheinung, daß die Sorten und Rassen der Kulturpflanzen verschiedene Anfälligkeit für Pilzkrankheiten zeigen, haben wir überhaupt eins der vorzüglichlichsten Mittel, um den von ihnen verursachten Schäden zu begegnen.

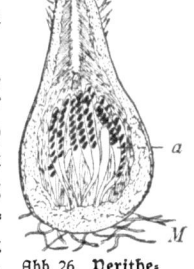

Abb. 26. Perithezium von Podospora im Längsschnitt. a = Asten, M = Myzelfäden. Nach v. Tavel.

Man muß es versuchen, möglichst widerstandsfähige Rassen zu züchten, und hat damit auch schon gute Erfolge erzielt.

c) **Pyrenomycetes.** Die Pyrenomyzeten sind an ihren krugförmigen Fruchtkörpern leicht kenntlich (Abb. 26). Im Grunde dieses Gebildes sitzen die Asken, und oben befindet sich eine halsartig vorgezogene Öffnung. Man nennt diese Fruchtkörperform ein Perithezium (perí gr. = rund herum und thékē gr. = Kapsel, Behälter). Die Entleerung der Sporen erfolgt durch Ausspritzen aus den Asken, wozu diese einer nach dem andern sich soweit strecken, daß ihre Spitze aus der Öffnung herausragt. Die Perithezien stehen nur selten so direkt auf dem Myzel, wie es die Abb. 26 angibt, meistens sind sie zu vielen in einen durch dichte Verflechtung von Hyphen entstandenen krusten- oder keulenförmigen Körper, das Stroma (strṍma gr. = das Lager), eingesenkt (Abb. 30). Zu den Pyrenomyzeten gehören eine große Anzahl von Pilzen, die in eine ganze Reihe von Gruppen und Familien geteilt werden. Wir wollen von ihnen hier nur zwei näher betrachten.

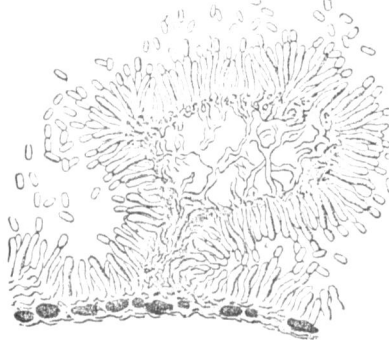

Abb. 27. Stück eines Konidienlagers von Claviceps purpurea. Nach Tulasne.

Die eine sind die **Hypokreazeen**. Man vereinigt unter diesem Namen diejenigen Pyrenomyzeten, die weiche und lebhaft gefärbte (nicht schwarze) Perithezienwandungen haben. Am häufigsten anzutreffen ist von ihnen wohl Nectria, der Erreger der Rotpustelkrankheit. Die zinnoberroten Warzen, die er auf abgestorbenen Ästen vieler Laubbäume, besonders dem Ahorn, hervorruft, sind den meisten Lesern wohl schon aufgefallen. Dieses Stroma ist ganz dicht besetzt mit Konidienträgern, seltener findet man die dunkelroten Warzen, die die Perithezien enthalten. Nectria ist ein Wundparasit, der zwar nur durch Wunden oder abgestorbene Teile in einen gesunden Baum einzudringen vermag, aber dann im toten Holz weiter wuchert und großen Schaden anrichten kann. Die meisten „Krebsgeschwülste" an Bäumen sind auf ihn zurückzuführen.

Zu den Hypokreazeen gehört auch das Mutterkorn. Dieser auf Getreide, hauptsächlich auf Roggen parasitierende Pilz befällt die Fruchtknoten, die er vollständig zerstört. An ihrer Stelle entsteht ein Gebilde, das unten einem jungen Getreidekorn ähnelt, aber aus verflochtenen Hyphen zusammengesetzt ist. Oben wird es schlanker und ist ganz mit unregelmäßigen Wülsten und Furchen bedeckt. Ein Querschnitt (Abb. 27) zeigt, daß hier eine überreichliche Produktion von Konidien statt-

2. Ascomycetes, Schlauchpilze 49

findet. Mit ihnen zusammen wird ein Schleim von süßlichem Geschmack, Honigtau genannt, abgesondert, der von Insekten aufgenommen wird, die dadurch gleichzeitig zur Verbreitung der Konidien beitragen. Im Laufe des Sommers trocknet der Honigtau und der Konidien produzierende obere Teil des Pilzmyzels ganz ein, der untere dagegen wächst zu einem dunkelviolett gefärbten, hornförmig gekrümmten harten Sklerotium (s. S. 11 und Abb. 28) heran, das aus den reifen Ähren lang hervorragt. In diesem Zustande, als „Mutterkorn", überwintert der Pilz, und im nächsten Frühjahr treiben aus dem Sklerotium langgestiele purpurfarbige Köpfchen hervor (Abb. 29), in die zahlreiche Perithezien eingesenkt sind. In den Asken entstehen fadenförmige Sporen (Abb. 29). Wegen der Farbe der Perithezienträger heißt der Pilz heute Claviceps purpurea. Früher war der Zusammenhang der Konidienform, des Honigtaus, mit der Askusform, dem Mutterkorn, nicht bekannt. Man gab deshalb jedem einen besonderen Namen, von denen der des Mutterkorns, Secale cornutum, heute noch eine Rolle spielt, weil die Ärzte, die es bei der Geburtshilfe brauchen — daher „Mutterkorn" — es so bezeichnen.

Abb. 28. Roggenähre mit Sklerotien von Claviceps purpurea. Nach Eichinger.

Der durch das Mutterkorn entstehende Schaden ist häufig nicht unbeträchtlich, da ja die Bildung jedes Sklerotiums die Vernichtung eines Samenkorns bedeutet und manchmal zehn und mehr Mutterkörner in jeder Ähre anzutreffen sind. Wenn die Sklerotien mit dem Mehl vermahlen werden, können sie bei längerem Genuß die gefährliche „Kriebelkrankheit" hervorrufen. Bei den heutigen guten Reinigungsmethoden des Getreides ist diese Gefahr aber kaum noch zu befürchten.

Eine sehr interessante Hypokreazeengattung ist auch Cordiceps, deren Vertreter ihr Myzel ähnlich wie die Entomophtorazeen im Innern von Insekten entwickeln. Man findet manchmal tote Raupen,

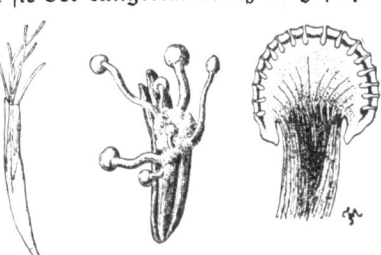

Abb. 29. Claviceps purpurea. In der Mitte ein auskeimendes Sklerotium. Rechts ein Köpfchen im Längsschnitt mit eingesenkten Perithezien. Links ein Askus, seine Sporen entleerend. Nach Eichinger.

50   Die Pilze. II. Spezieller Teil

aus denen mächtige Gebilde von eigenartiger, sie selbst an Größe übertreffender Gestalt hervorwachsen, das sind die Fruchtträger der Cordiceps-Arten.

Im Gegensatz zu den Hypokreazeen besitzen dir **Sphäriazeen** schwarze kohlige Perithezienwandungen. Es ist eine sehr umfangreiche Gruppe, die wieder in eine größere Anzahl von Unterfamilien geteilt wird. Die Xylaria-Arten, die in abgestorbenen Baumstämmen wuchern, bilden oft große geweihartige Stromata (Abb. 30), in deren unterem Teil die Perithezien eingesenkt sind. Viele Sphäriazeen sind Parasiten auf Kulturpflanzen, insbesondere gehören zahlreiche Erreger von Blattfleckenkrankheiten hierher. Die meisten von ihnen rufen aber keine sehr tiefgreifenden Schädigungen hervor, so daß wir sie hier übergehen können. Erwähnen wollen wir nur die Erreger der Schorfkrankheit von Apfel- und Birnbäumen. Diese bilden auf den Blättern, Früchten und jungen Zweigen olivenbraune bis schwärzliche Flecken, die durch hervorbrechende Konidienlager (Abb. 31) ein samtartiges Aussehen bekommen. Später vertrocknen diese Stellen und reißen besonders bei Birnen auf, es bildet sich ein „Schorf". Bei stärkerem Befall verkümmern die Früchte, und auch bei geringerem

Abb. 30. Xylaria-Hypoxylon, einige Stromata. p = Teil, in dem die Perithezien sitzen. Nach Warming.

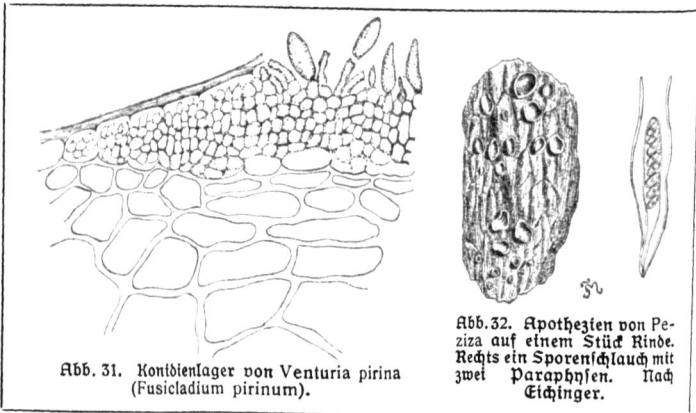

Abb. 31. Konidienlager von Venturia pirina (Fusicladium pirinum).

Abb. 32. Apothezien von Peziza auf einem Stück Rinde. Rechts ein Sporenschlauch mit zwei Paraphysen. Nach Eichinger.

2. Ascomycetes, Schlauchpilze 51

verlieren sie an Marktwert. In dieser durch zweizellige Konidien charakterisierten Form waren die Pilze früher allein bekannt, jetzt weiß man, daß es sich um zwei Arten der Gattung Venturia handelt. Da aber die Askusform nur selten auftritt und für die Verbreitung

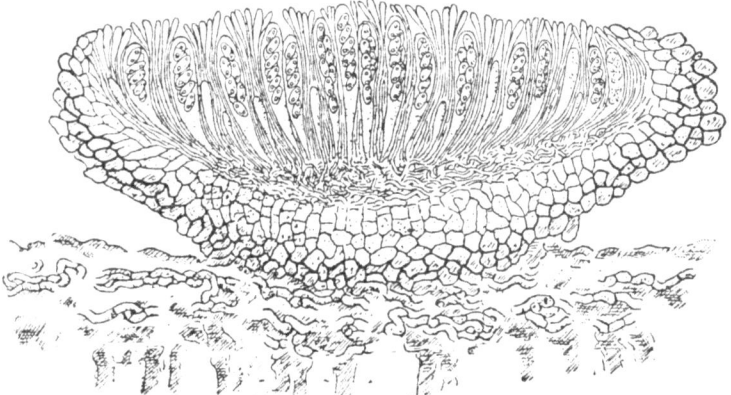

Abb. 33. Vertikalschnitt durch ein Apothezium von Pseudopeziza. Nach Klebahn.

anscheinend nur geringe Bedeutung hat, nennt man die Pilze gewöhnlich auch heute noch Fusicladium dentriticum (auf Apfel) und Fusicladium pirinum (auf Birnen).

Wir haben schon verschiedentlich erwähnen müssen, daß der Zusammenhang der verschiedenen Fruchtformen eines Pilzes lange Zeit verborgen gewesen ist. Auch heute kennen wir eine Menge Pilze nur in einer ungeschlechtlichen Konidienfruktifikation, entweder weil die höhere Fruchtform nicht mehr ausgebildet wird, oder weil sie sich zu einer anderen Jahreszeit oder sogar auf einem anderen Substrat entwickelt und die Zusammengehörigkeit noch unbeobachtet geblieben ist. Man kann diese Pilze nicht an einer bestimmten Stelle des Systems unterbringen, sondern faßt sie als Fungi imperfecte cogniti, unvollkommen bekannte Pilze, oder kurz Fungi imperfecti zusammen. Wir weisen an dieser Stelle auf sie hin, weil die überwiegende Mehrzahl von ihnen, wenn auch durchaus nicht alle, zu den Pyrenomyzeten gehören dürften.

d) **Discomycetes, Scheibenpilze.** Die Diskomyzeten haben in ihren typischen Formen tellerförmig offene Fruchtkörper (Abb. 32), die man hier Apothezien nennt (apothékē gr. = Behälter). Die flache Höhlung des Apotheziums ist ausgefüllt durch die pallisadenförmig dicht aneinander gedrängten Schläuche und Paraphysen (Abb. 33). Die Apothezien sitzen fast immer dem Substrat direkt auf, Stroma= bildungen sind seltene Ausnahmen.

Bei den **Pezizazeen** sind die Apothezien am charakteristischesten aus= gebildet (Abb. 32). Man findet sie an abgestorbenen Waldbäumen und auf Humusboden, aber nicht sehr häufig. Als Krankheitserreger spielen sie keine große Rolle. Einige von diesen „Becherpilzen", wie das Hasen= ohr, dienen als Speisepilze.

Abb. 34. Keimendes Sklerotium von Scle= rotinia Fuckeliana. Nach Eichinger.

Wichtiger sind die **Helotazeen,** die ein Dauer= myzel in Form eines Sklerotiums tragen. Bekannt ist Sclerotinia Fuckeliana, die an Rebstöcken $1/2$ bis 1 cm große Sklerotien erzeugt. An ihnen ent= stehen graue schimmelartige Konidienrasen, die Botrytis genannt werden. Erst im nächsten Frühjahr entwickeln sich an ihrer Stelle die langgestielten kleinen Apothezien (Abb. 34). Der Botrytis-Schimmel befällt auch die reifen Trauben und ist für den Weinbau von besonderer und zwar nützlicher Bedeutung, weil er die sogenannte „Edelfäule" der Trauben hervorruft, indem er sie schnell in einen rosinenartigen Zustand überführt. Daß sich ein hierher ge= höriger Pilz als nützlich erweist, ist aber eine Ausnahme, die meisten sind gefürchtete Schädlinge. So gibt es Sclerotinia-Krankheiten, die in der Blumenzwiebelzucht große Verheerungen anrichten können. In den Obstgärten tritt Jahr für Jahr Sclerotinia fructigena auf, Er= reger der nach der Konidienfruktifikation benannten „Monilia-Krank= heit". Der Monilia-Schimmel bildet kleine weißliche polsterförmige Rasen auf den Früchten, die ganz von dem Myzel durchwuchert sind. Dann trocknet die abgestorbene Frucht zu einer „Mumie" ein, die ganz von einem Sklerotium erfüllt ist und am Baume hängen bleibt. Im nächsten Frühjahr brechen aus ihnen die gestielten Apothezien hervor, und die in diesen gebildeten Schlauchsporen infizieren zunächst die Blüten. Bei der Bekämpfung muß man also vor allem darauf achten, daß im Winter die Mumien vernichtet werden. Man rechnet auch einige Gattungen ohne Sklerotiumbildung zu dieser Familie. Von diesen ist besonders ein bösartiger Forstschädling erwähnenswert, Dasyscypha Willkommii, der Erreger des Lärchenkrebses.

2. Ascomycetes, Schlauchpilze 53

Abb. 35. Morchella esculenta. Nach Wettstein.

Von den **Helvellazeen** ist vor allem eine, die Morchel (Abb. 35) als ein beliebter Speisepilz bekannt. An ihrem Fruchtkörper ist ein Stiel und ein die Fruchtschicht tragender oberer erweiterter Teil zu unterscheiden. Diese Fruchtschicht ist stark konvex gewölbt und durch zahlreiche Leisten in unregelmäßige Felder zerlegt. Der Fruchtkörper hat also nur noch geringe Ähnlichkeit mit dem typischen Diskomyzetenapothezium. Übergangsbildungen, wie die Fruchtkörper der Gattung Rhizina, die noch mehr oder weniger ausgebreitet wie ein Apothezium, aber schon stark gewellt wie bei Morchella sind, zeigen, daß die Helvellazeen mit Recht zu den Diskomyzeten gerechnet werden.

e) **Tuberineae, Trüffelpilze.** Zu dieser Ordnung gehören die Trüffelpilze, die ein bekannter Leckerbissen sind und eine große wirtschaftliche Bedeutung haben. Bei uns findet man die bekannte Perigordtrüffel nur in Baden; Frankreich aber exportierte schon im Jahre 1900 davon 15 Millionen kg. Die Tuberineen wachsen ganz unterirdisch, weshalb auch das Sammeln der Trüffeln recht schwierig ist. Man hat dazu Hunde und auch Schweine abgerichtet, die durch ihren Geruch die Pilze aufspüren. In Anpassung an diese Lebensweise ist der Fruchtkörper der Tuberineen knollenförmig, die Fruchtschicht liegt im Innern der Knolle und füllt diese durch Bildung unregelmäßig gewundener Kammern vollständig aus. Beim Durchschneiden erscheint die Frucht daher marmoriert (Abb. 36 oben). Die keulenförmigen Asken stehen nicht pallisadenförmig, sondern sind ziemlich unregelmäßig angeordnet (Abb. 36 unten). Die Sporen werden erst nach Verwesung der Umhüllung frei.

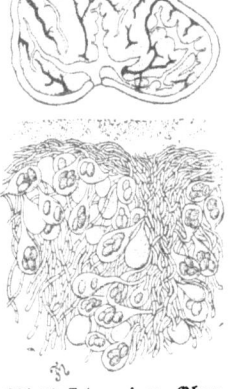

Abb. 36. Tuber rufum. Oben Fruchtkörper durchschnitten, unten Stück des Hymeniums mit Schläuchen. Nach Eichinger.

f) **Exoascineae, Außenschlauchpilze.** Wir haben schließlich noch ein paar Gruppen zu besprechen, die im Gegensatz zu der Hauptmasse

54 Die Pilze. II. Spezieller Teil

der Askomyzeten eine ganz auffallend einfache Beschaffenheit aufweisen. Wir stellen sie an den Schluß, weil es sich dabei wahrscheinlich um rückgebildete Formen handelt. Solche Rückbildung wichtiger Organe als Anpassung an ganz besondere Lebensverhältnisse finden wir ja auch im Tierreich nicht selten. Man denke nur an die Bandwürmer, die nur aus einer Vorrichtung zum Festhalten und zahlreichen Geschlechtsorganen bestehen, oder die blinden Höhlenmolche. Die erste von den hierher gehörigen Unterordnungen sind die Exoaszineen. Es sind Parasiten, die keine Fruchtkörper haben, sondern ihre Schläuche vollkommen frei auf der Oberfläche ihrer Wirtspflanzen bilden. Am bekanntesten ist Taphrina Pruni, der Erreger der Narrenkrankheit der Zwetschen. Das Myzel des Pilzes überwintert im Bast der Zweige des Zwetschenbaumes, von wo es zur Blütezeit in den Fruchtknoten hineinwächst. Unter seinem Einfluß erfahren diese eine ganz abnorme Entwicklung. In zwei Tagen wachsen sie zu doppelter Größe heran und sind in acht Tagen ausgewachsen. Dabei bekommt die Fruchtwand eine wachsartig lederige Beschaffenheit, der Steinkern fehlt und die ganze Frucht stellt ein verkrümmtes, abgeplattetes, hohles und natürlich auch ungenießbares Gebilde dar, welches man „Narrentasche" nennt (Abb. 37).

Abb. 37. Exoascus Pruni an Zwetsche. Nach Eichinger.

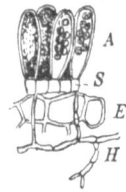

Abb. 38. Exoascus Pruni. E = Epidermiszellen des Wirtes, H = Hyphen des Pilzes, A = Asken, S deren Stielzellen. Nach Eichinger.

Man kann an diesen Früchten einen feinen samtartigen Überzug bemerken, der von der massenhaften Produktion von Schläuchen herrührt, die frei an der Oberfläche stehen (Abb. 38). Sie entstehen in der Weise, daß die Zellen der auf der Oberfläche der Tasche wuchernden Hyphen stark anschwellen und sich senkrecht zur Epidermis strecken. Dann wird der untere Teil als Stielzelle abgetrennt und der obere wird zu einem achtsporigen Askus. Paraphysen oder irgendeine Hülle fehlen völlig. — Andere Exoaszineen vermögen noch merkwürdigere Gebilde hervorzubringen, nämlich die sogenannten

2. Ascomycetes, Schlauchpilze

Hexenbesen, die wie fremde Pflanzen auf den Ästen ihrer Mutterpflanze sitzen. Der häufigste ist der durch Taphrina Cerasi hervorgerufene Hexenbesen auf Kirsche. Er kommt dadurch zustande, daß der Pilz eine Knospe infiziert, die unter gesteigertem Wachstum austreibt; an dem entstehenden Zweig treiben wiederum alle sonst ruhenden Knospen aus, und so entsteht schließlich ein buschartiger Hexenbesen. Die Schläuche des Pilzes entwickeln sich an der Unterseite der Blätter. Diese Hexenbesen erinnern sehr an die Gallen, die an anderen Pflanzen durch den Stich der Gallwespen hervorgerufen werden, auch hier werden die von dem Parasiten befallenen Teile zu übermäßigem Wachstum angeregt.

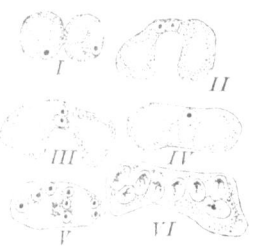

Abb. 39. Sexualakt bei den Hefepilzen. Nach Guillermond.

g) **Saccharomycetes, Hefepilze.** Die Hefepilze, über deren eigentümliche Wuchsform als Sproßmyzel wir uns schon im allgemeinen Teil unterrichtet haben (S. 12 Abb. 5), wird man kaum ohne weiteres zu den Askomyzeten rechnen wollen. Vor einigen Jahren hat aber der französische Mykologe Guillermond einen sehr vereinfachten aber typischen Sexualakt bei ihnen festgestellt, deren Ergebnis ein achtsporiger Askus ist. Dabei vereinigen sich zwei nebeneinander liegende einkernige Zellen durch eine schmale Brücke (Abb. 39 II). In diese Brücke treten die Kerne der beiden Zellen ein und verschmelzen hier miteinander (Abb. 39 II—IV). Dabei verbreitert sich die Brücke, so daß aus den beiden Zellen eine große wird (Abb. 39 IV), und der Verschmelzungskern teilt sich in acht (Abb. 39 V), von denen jeder eine Spore um sich bildet (Abb. 39 VI). Die Saccharomyzeten haben also einen Entwicklungsgang, der so einfach ist, wie man ihn sich nur denken kann: Zwei Zellen vereinigen sich und werden sogleich zum Askus, die Ausbildung der askogenen Hyphen fällt vollständig fort. Man könnte auf den Gedanken kommen, daß wir hier nicht reduzierte Formen vor uns haben, sondern vielmehr die primitive Urform der Askomyzeten, aus der sich die höheren Formen, wie Pyrenomyzeten und Diskomyzeten, erst durch Einschiebung der askogenen Hyphen entwickelt hätten. Uns will es aber wahrscheinlicher dünken, daß die höheren Askomyzeten in der Weise, wie wir das oben auseinander gesetzt haben (S. 41), direkt auf die Phykomyzeten zurückzuführen sind, und daß die einfache Entwicklungsform der Saccharomyzeten als eine Anpassung an ihre eigentümliche Lebensweise aufzufassen ist. Man findet sie in der freien Natur zwar auch auf Erde, jedoch vollzieht sich ihr Wachstum und ihre Vermehrung nur in den Wundstellen süßer Früchte und in dem zuckerhaltigen Schleimfluß von Bäumen. Sie leben also vorzugsweise in einem ganz oder halb flüssigen zuckerhaltigen Substrat, und unter diesen Umständen neigen auch andere Pilze (S. 12) zur Bildung eines Sproßmyzels. Ein solches, das nur aus einzelnen rundlichen und leicht zerfallenden Zellen besteht, kann natürlich keine askogenen Hyphen mehr bilden, und so erklärt es sich ganz zwanglos, daß der Sexualakt sofort zur Askusbildung führt.

Die Anpassung an den zuckerhaltigen Nährboden beschränkt sich aber nicht auf die Gestaltung, sondern zeigt sich auch in der Physiologie. Der Zucker der Nährlösung wird nämlich, wie man sagt, vergoren. Um diesen Vorgang verständlich zu machen, müssen wir etwas weiter ausholen. Ein jeder Organismus bedarf zur Fortführung seiner Lebensfunktionen einer ständigen Erzeugung von chemischer Spannkraft, von Energie. Man kann sich das klar machen an einer Dampfmaschine, die gleichfalls ohne fortgesetzte neue Produktion von Energie zum Stillstand kommt. Die Dampfmaschine gewinnt sie durch Verbrennung von Holz oder Kohle, d. h. eine sehr rasche Verbindung der Kohle mit Sauerstoff unter starker Temperaturerhöhung und Flammenbildung. Ganz ähnlich gewinnen auch die meisten Organismen die nötige Spannkraft durch Atmung, d. h. langsame Verbindung von Sauerstoff mit organischer Substanz (auch die Kohle ist ja organischen Ursprungs), die ebenfalls mit einer Temperaturerhöhung einhergeht. Zur Verbrennung wie zur Atmung ist Sauerstoff nötig, und die Endprodukte sind bei beiden Vorgängen Kohlensäure und Wasser, also Stoffe, die mit Sauerstoff gesättigt sind und nicht mehr weiter verbrannt werden können, so daß die gesamte in der verbrannten oder veratmeten Substanz vorhandene Energie frei wird. In eine chemische Formel gebracht, würde der Vorgang etwa so darzustellen sein: $C_6H_{10}O_5$ (organische Substanz) $+ 6 O_2$ (Sauerstoff) $= 6 CO_2$ (Kohlensäure) $+ 5 H_2 O$ (Wasser). Die Hefepilze nun gewinnen die nötige Energie nicht durch Atmung, sondern sie zerlegen den Zucker ihres Nährsubstrates in Alkohol und Kohlensäure, ohne daß dazu Sauerstoff nötig wäre: $C_6H_{12}O_6$ (Zucker) $= 2 C_2H_6O$ (Alkohol) $+ 2 CO_2$ (Kohlensäure). Daß dabei ebenfalls Energie frei wird, ergibt sich aus dem

2. Ascomycetes, Schlauchpilze

Umstande, daß die beiden Produkte zusammen einen geringeren Brennwert haben, als das Ausgangsmaterial, nämlich der Zucker.

Diesen Vorgang, den man Gärung nennt, haben die Menschen von Alters her sich zu nutze gemacht. Einmal spielt die dabei entstehende Kohlensäure eine wichtige Rolle. Man setzt dem Teig Hefe zu, um ihn lockern. Denn die Hefe vergärt bei höherer Temperatur — deshalb muß der Teig warm stehen — den darin enthaltenen Zucker, und es entsteht Kohlensäure, die aber infolge der Zähigkeit des Teiges nicht aus ihm entweicht, sondern sich in Blasen ansammelt und so das „Aufgehen" des Teiges bewirkt. Der Alkohol, der dabei natürlich auch entsteht, verschwindet beim Backen. Auch der Sauerteig, der im Altertum allein zum Brotbacken verwendet wurde, bestand neben säurebildenden Bakterien aus Hefepilzen. — Der bei der Gärung produzierte Alkohol ist den Menschen fast noch willkommener. Er wird entweder im Brennereibetrieb als möglichst reiner Spiritus gewonnen oder dient zur Bereitung alkoholischer Getränke. Im Brennereibetrieb ist das Ausgangsmaterial Kartoffelstärke. Da diese von der Hefe nicht angegriffen wird, geht dem eigentlichen Gärungsvorgang die Umwandlung der Stärke in Zucker voraus. Bei der Bereitung alkoholischer Getränke, also hauptsächlich des Bieres und des Weines, ist der Rohstoff — beim Bier das Malz und beim Wein der Traubensaft — von vornherein zuckerhaltig, also direkt vergärbar. Ein wichtiger Unterschied zwischen beiden Vorgängen ist aber, daß man bei der Traubensaftgärung keine Hefe zuzusetzen braucht, da sich solche auf den reifen Trauben in großen Mengen vorfindet, während man dem Malz die Hefe erst zuführen muß. Deshalb spielt in der Bierbrauerei die Anzucht der Hefe eine große Rolle, und man hat besonders in Dänemark und Deutschland große staatliche Institute eingerichtet, in denen das geschieht.

Als ein Nebenprodukt in einer Menge von 3 % (vom vergorenen Zucker) entsteht bei der Gärung Glyzerin. Als bei uns während des Weltkrieges großer Mangel an dem gewöhnlich aus Fetten gewonnenen Glyzerin entstand, haben es deutsche Chemiker verstanden, durch besondere Ernährung der Hefe die Glyzerinproduktion bei der Gärung auf 30—40 % zu steigern und monatlich etwa 1 Million kg Glyzerin zu erzeugen. Auf diese Weise ist es möglich gewesen, die Nitroglyzerinsprengstoffe trotz unseres Fettmangels weiter zu produzieren, allerdings auf Kosten unserer Zuckervorräte.

3. Basidiomycetes, Ständerpilze.

Wir kommen nun zu der der dritten Klasse der Pilze, die durch die Basidien gekennzeichnet werden. Der Name (básis gr. = Grund=pfeiler) hängt damit zusammen, daß diese Basidien die von ihnen er=zeugten Fortpflanzungszellen äußerlich tragen und nicht wie die Asken in ihrem Inneren entstehen laffen. Im einzelnen sind die Ba=sidien viel mannigfaltiger gebaut als die Asken, was man an der Abb. 40 erkennt, wo ihre Haupt=typen wiedergegeben sind. Diese Typen werden bei den verschie=denen Ordnungen allmählich im=mer bestimmter und charakteristi=scher ausgearbeitet, so daß man die Ordnungen danach unterscheiden kann. Betrachten wir zunächst diejenige, bei der die Basidie noch eine ganz labile Gestalt hat, das sind die

Abb. 40. Verschiedene Typen von Basidien. Nach Brefeld und v. Tavel.

a) **Ustilagineae.** Diese unter dem Namen Brandpilze als gefähr=liche Getreidefeinde bekannten Pilze sind sehr einfach organisiert und unterscheiden sich in Gestalt und Lebensweise wenig voneinander. Trotzdem müssen wir sie etwas genauer schildern, weil diese an sich geringen Unterschiede von großer praktischer Bedeutung sind.

Allen Ustilagineen gemeinsam ist, daß sie an bestimmten Stellen der befallenen Pflanzen ein schwarzbraunes oder schwarzviolettes Sporenpulver erzeugen, das die Wirtspflanzen wie verkohlt erscheinen läßt (Abb. 41 I u. II). Daher rührt eben der Name „Brandpilze". Diese Brandsporen entstehen bei den meisten Getreidearten in den Blüten=ständen, die sie dadurch zerstören (Abb. 41), nur der Beulenbrand des Mais und der Stengelbrand des Roggens bricht auch an anderen Stellen hervor. In bezug auf ihre Lebensweise sind die Pilze nur insofern verschieden, als die einen die Fähigkeit haben, gleich nach dem Verstäuben der Sporen durch die Blüten in neue Wirtspflanzen einzudringen (Blüteninfektion), während die anderen sich erst nach der Keimung der Samen in die zarten Teile des Keimlings einbohr=ren (Keimlingsinfektion). Die Blüteninfektion findet man nur bei Ustilago nuda auf Gerste und Ustilago tritici auf Weizen; alle an=deren Brandpilze zeigen die Keimlingsinfektion. Eine Ausnahme bil=

3. Basidiomycetes, Ständerpilze

det auch hier der Maisbrand, der in alle zarten Teile der Maispflanze eindringen kann. Trotzdem also die blüteninfizierenden Brandpilze ihre Wirtspflanzen am Schluß der Vegetationsperiode befallen und die keimlinginfizierenden am Anfang, ist äußerlich bei beiden Erkrankungen kein Unterschied festzustellen. Das kommt daher, daß das die Blüten infizierende Mnzel nur bis in die reifende Samenanlage vordringt und auch die Entwicklung des Samens gar nicht wesentlich stört. Erst wenn der Samen im folgenden Frühjahr keimt, erwacht auch das in ihm ruhende Mnzel. Es wächst mit dem Getreide in die Höhe und macht sich erst bemerkbar, wenn die Blütenstände angelegt werden. Dann erst beginnt es sich stark zu entwickeln, das Blütengewebe völlig aufzuzehren und schließlich in lauter runde Zellen zu zerfallen, die wieder zu den schwarzen Brandsporen werden. Die die Keimlinge infizierenden Formen entwickeln sich in ganz derselben Weise, nur daß die Sporen den Winter über ungekeimt an der Außenseite der Samen kleben bleiben und erst im Frühjahr in das Keimpflänzchen eindringen.

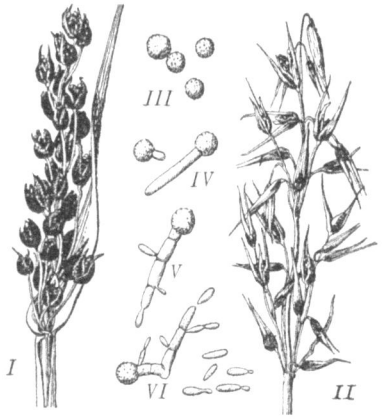

Abb. 41. Brand des Hafers und keimende Brandsporen. Nach Sorauer.

Dieser geringe Unterschied in der Lebensweise ist bedeutungsvoll für die Bekämpfungsmethode. Die den Samen äußerlich anhaftenden Sporen der keimlinginfizierenden Brandpilze kann man leicht durch Beizen mit Formalin, Kupfervitriol oder heißem Wasser abtöten, ohne die durch die harte Schale geschützten Samen dabei zu schädigen. Bei den blüteninfizierenden Pilzen des Weizens und der Gerste nützt dies Verfahren natürlich nichts, weil das Mnzel ja innerhalb der Samen sitzt. Der Landwirt war deshalb hauptsächlich darauf angewiesen, sich brandfreies Saatgut zu verschaffen, wenn er sich vor den blüteninfizierenden Brandpilzen schützen wollte. Wenn das Saatgut auf kleinen Parzellen herangezogen wird, wo man die brandigen Ähren rechtzeitig erkennen und vernichten kann, und wenn es sich um kleinere Saatgutmengen handelt, ist diese Forderung wohl gut zu erfüllen. Man hat andererseits auch Sorten gezüchtet, die für den Brandbefall weniger empfänglich sind. Da die Brandsporen nur infizieren können, wenn sie auf die Narben gelangen, so werden die Gersten- und Weizensorten am meisten gegen eine Infektion geschützt sein, die ihre Spelzen beim Blühen wenig oder gar nicht öffnen, wie z. B. die sechszeiligen, die zweizeiligen aufrechten Gersten, die Pfauengerste und der Squarheadweizen. Dieselbe Sorte kann sich aber je nach den Witterungsverhältnissen verschieden verhalten und bald mehr offen, bald mehr geschlossen blühen. Deshalb ist es bisher noch nicht gelungen, Sorten zu züchten, die absolut widerstandsfähig gegen blüteninfizierende Brandpilze sind.

Da auch die obenerwähnte Auslesemethode bei größeren Saatgutmengen versagt, so haben Appelt und Gaffner noch ein Verfahren ausgearbeitet, um im reifen Samen selbst den Pilz zu bekämpfen. Es beruht auf der Tatsache, daß ruhende Pflanzenteile gegen äußere Einflüsse viel weniger empfindlich sind als wachsende. Da sich außerdem herausgestellt hat, daß das in dem ruhenden Samen ebenfalls ruhende Pilzmyzel durch Temperaturerhöhung schneller zum Wachstum angeregt wird, als der Same, so geht man folgendermaßen vor. Man behandelt die Samen vier Stunden lang mit Wasser von $25°$. Das genügt, um das Pilzmyzel zum Wachstum anzuregen, während der Samen in Ruhe bleibt. Darauf bringt man das Saatgut 10 Minuten in Wasser von $52°$, diese Temperatur kann das wachsende Pilzmyzel nicht vertragen, so daß es abstirbt, während der noch ruhende Samen dadurch im allgemeinen nicht geschädigt wird.

Außer durch die verschiedene Infektionszeit unterscheiden sich die verschiedenen Brandarten mit Keimlingsinfektion noch durch die Größe der Zerstörung, die sie in den befallenen Blütenständen hervorrufen. Ustilago Avenae zerstört auch die Blütenspelzen vollständig (Abb. 41 I), so daß die Sporen schon auf dem Felde, während der Blüte und Reife des Getreides durch den Wind verbreitet werden. Man nennt ihn deshalb den „Flugbrand" des Hafers, im Gegensatz zu dem „gedeckten" Brand Ustilago laevis, bei dem die Spelzen erhalten bleiben, so daß die Sporen nur als schwärzliche Masse durch sie hindurch schimmern (Abb. 41 II) und erst beim Dreschen frei werden. Gedeckten Brand kennt man auch bei der Gerste (Ustilago tecta) und beim Weizen (Tilletia tritici). Die die Blüteninfektion bewirkenden Brand-

3. Basidiomycetes, Ständerpilze

pilze dieser beiden Getreide Ustilago nuda und Ustilago tritici sind natürlich auch Flugbrandsorten, aber ihre Biologie ist eine ganz andere als die des Flugbrandes auf Hafer, der nur Keimlingsinfektion hervorruft.

Um diese etwas komplizierten Verhältnisse, die für die Praxis der Bekämpfung von Wichtigkeit geworden sind, deutlich zu machen, seien sie noch einmal zusammengefaßt:

Allgemeininfektion	Bluteninfektion	Keimlingsinfektion
Ustilago Maydis (Mais)	Ustilago nuda (Gerste) „ tritici (Weizen)	Ustilago Avenae (Hafer) Urocystis occulta (Roggen)
	Flugbrand	Gedeckter Brand	Ustilago laevis (Hafer) „ tecta (Gerste) Tilletia tritici (Weizen)

Wir haben bisher den Entwicklungsgang der Brandpilze nur so weit geschildert, wie er mit bloßem Auge zu verfolgen ist, und wollen das so gewonnene Bild jetzt durch die mikroskopische Kontrolle ergänzen. Diese zeigt uns, daß die Brandsporen gewöhnlich kugelig, meistens glatt, manchmal aber auch warzig sind (Abb. 41 III). Bei der Keimung treiben sie einen kurzen Keimschlauch (Abb. 41 IV), der aber nur bei den Formen mit Bluteninfektion, also Ustilago nuda und Ustilago tritici, direkt in die Wirtspflanze eindringt. Bei allen anderen schnürt der Keimschlauch seinerseits wieder kleine Konidien ab und wird auf diese Weise zur Basidie. Nach der Gestalt dieser Basidien teilt man die Ordnung in die beiden Familien der **Ustilaginazeen** und **Tilletiazeen**. Die ersteren haben quergeteilte Basidien, die ihre Konidien an beliebigen Stellen abschnüren (Abb. 40 2 und 41 V), und die anderen ungeteilte Basidien, deren langgestreckte Konidien nur an der Spitze entstehen (Abb. 40 1). Erst die Konidien dringen dann in neue Wirtspflanzen ein, d. h. häufig tun auch sie es noch nicht, denn die Konidien haben die Fähigkeit, sich nach der Ablösung auf geeignetem Nährboden, also etwa auf Mist, saprophytisch zu ernähren und durch hefeartige Sprossung neue Konidien zu erzeugen (Abb. 41 VI), wodurch sie sich unter Umständen riesig vermehren.

Die Ustilagineen zeigen also einen sehr einfachen Entwicklungsgang. Ein Vegetationskörper von bestimmter Form fehlt wie bei den meisten Parasiten, aber auch irgendeinen Fruchtkörper sucht man vergeblich.

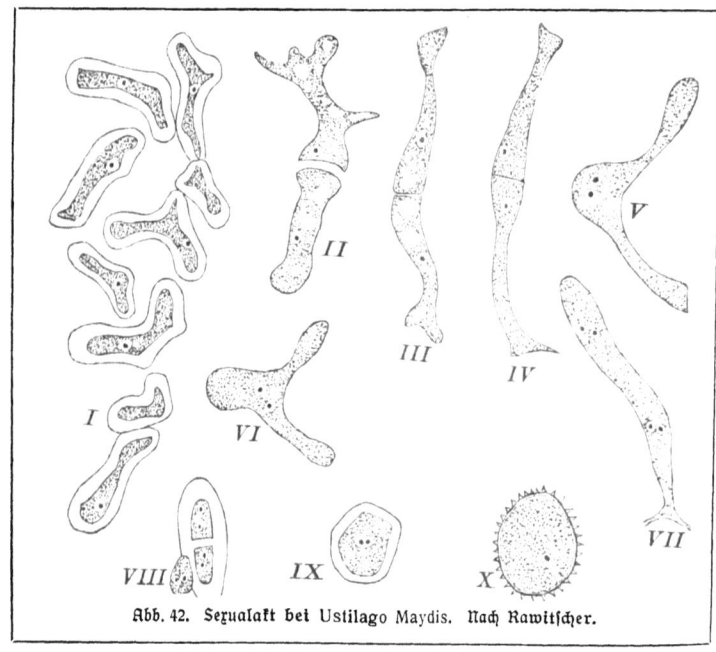

Abb. 42. Sexualakt bei Ustilago Maydis. Nach Rawitscher.

Die als Dauersporen fungierenden Brandsporen, die Konidien produzierenden Basidien und ein unscheinbares vegetatives Mycel in den Wirtspflanzen ist alles, was von ihnen in Erscheinung tritt. Einen Sexualakt hat man lange Zeit bei ihnen vermißt, bis ihn vor einigen Jahren Rawitscher nachwies. Er hat vor allem den Maisbrand genauer untersucht. Wir sagten ja schon oben, daß dieser überall, wo sich junge Organe befinden, in das Gewebe der Wirtspflanze eindringen kann. Hier verzweigt und teilt er sich, so daß bald ganze Nester von Pilzhyphen entstehen. Diese werden aus lauter einzelnen Zellen gebildet, die durch dicke Gallertschichten voneinander getrennt sind und je einen Kern enthalten (Abb. 42 I). Nach einiger Zeit legen sich je zwei Hyphenzellen Ende an Ende dicht aneinander (Abb. 42 II). Die benachbarten Enden schwellen an, während die trennende Zellwand dünner wird (Abb. 42 III und IV). Schließlich verschwindet die Zellwand vollständig, die Kerne rücken beide in die

3. Basidiomycetes, Ständerpilze

Mitte des kopulierenden Zellgebildes, das hier an Größe zunimmt, während die beiden Schenkel der Figur dünner werden (Abb. 42 V u. VI). Diese beiden Gebilde können sich entweder sofort abrunden und zu Sporen heranwachsen, oder sie wachsen unter konjugierten Kernteilungen zu kurzen Hyphen aus (Abb. 42 VII). Die kopulierenden Zellen sind dann bis auf die kurzen Schenkel am Grunde der Hyphe verschwunden. Durch Zerlegung entstehen auch aus ihr zweikernige Zellen (Abb. 42 VIII). Sie runden sich ab und werden größer, während die beiden Kerne miteinander verschmelzen (Abb. 42 IX). Nach Ausbildung einer derben stacheligen Membran sind sie zu reifen einkernigen Sporen geworden (Abb. 42 X), die als schwarzes Pulver die Brandbeulen anfüllen.

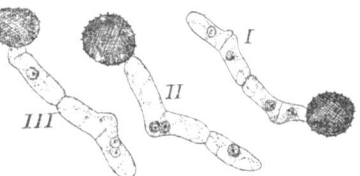

Abb. 43. Sexualakt bei Ustilago Carbo. Nach Rawitscher.

Bei der Keimung der Brandsporen zur Basidie tritt dann wahrscheinlich die Chromosomenreduktion ein. Diese ist aber wegen der Kleinheit der Kerne bisher noch nicht beobachtet worden.

Bei dieser Art ist also der zweikernige Zustand auf wenige, häufig sogar auf eine einzige Zelle beschränkt. Es gibt aber andere, wie Ustilago Avenae, wo schon die aus der keimenden Spore hervorwachsende Basidie die Kernpaare bildet, so daß dann das ganze vegetative Mnzel zweikernig ist. Wie dies vor sich geht, zeigt die Abb. 43. Die Basidie hat zunächst einkernige Zellen, dann bilden zwei aneinander stoßende Zellen an der sie trennenden Querwand je einen Fortsatz (Abb. 43 I). Zwischen den beiden Fortsätzen wird die Zellwand aufgelöst, und der Kern der einen Zelle wandert in die Nachbarzelle über (Abb. 43 II und III). Die nunmehr zweikernige Zelle wächst dann mit konjugierten Kernteilungen weiter. Die Kernverschmelzung erfolgt auch bei Ustilago Avenae erst in der reifenden Spore.

Der Sexualakt verläuft also in einer den übrigen Verhältnissen entsprechenden einfachen Form. Sexualorgane fehlen, trotzdem haben die Ustilagineen einen typischen Sexualakt, denn dessen Wesen besteht in der Verschmelzung zweier Kerne mit späterer Reduktion. Etwas ähnliches haben wir schon bei dem Befruchtungsakt der Hefe kennen gelernt (Abb. 39), die fast noch einfacher organisiert scheinen als die Uftilagineen. Beide Gruppen ähneln sich auch darin, daß ihre Stellung im Pilzsystem eine unsichere ist. Die Hefepilze schienen uns eine reduzierte Unterordnung der Askomyzeten zu sein, die Ustilagineen dagegen machen eher den Eindruck einer primitiven Gruppe. Dafür sprechen die Mannigfaltigkeit in ihrer Biologie, die verschiedenen Modifikationen, die sich in der Ausbildung der Basidien finden, sowie die Schwankungen in der Länge des Sexualaktes bei nahe verwandten Formen. Nichts scheint festgelegt, alle Verhältnisse sind im Fluß und entwicklungsfähig.

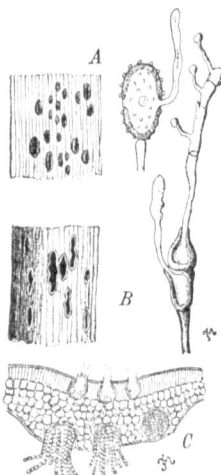

Abb. 44. Puccinia graminis. A = Uredopusteln und keimende Uredospore. B = Teleutopusteln und keimende Teleutospore. C = Querschnitt eines Blattes mit Spermogonien und Äzidien. Nach Eichinger.

b) **Uredineae, Rostpilze.** Die zweite Ordnung der Basidiomyzeten zeichnet sich dadurch aus, daß sie Basidien besitzt, die regelmäßig quergeteilt sind. Gewöhnlich sind durch vier Wände vier gleichgroße Zellen gebildet, von denen jede eine Basidiospore erzeugt (Abb. 40 3). Diese sind aber nur eine von einer ganzen Reihe verschiedener Sporenformen, die die Uredineen führen. Um von ihnen eine Vorstellung zu verschaffen, wollen wir einmal den Entwicklungsgang eines Rostpilzes verfolgen.

Den Namen Rostpilze haben die Uredineen von den rostfarbenen Flecken oder Streifen, die sie auf den befallenen Getreideblättern hervorrufen. Diese Flecken sind aber meistens gar nicht die erste Erscheinungsform, in der die Pilze im Laufe einer Vegetationsperiode auftreten, vielmehr findet man sie im Frühjahr oft auf den Blättern ganz anderer Pflanzen, z. B. bei dem Schwarzrost (Puccinia graminis) auf Berberitze. Aus deren Blättern brechen auf der Oberseite ganz kleine krugförmige Behälter, die sogenannten Spermogonien hervor (Abb. 44 C oben) und auf der Unterseite größere becherförmige Fruchtkörper von orangegelber Farbe, die man Äzidien (nach der Gattung Aecidium) nennt (Abb. 44 C unten). Die Bedeutung der Spermogonien ist unklar. Wie ihr Name sagt, wurden sie früher für männliche Befruchtungsorgane gehalten; daß sie das jedenfalls heute nicht mehr sind, steht fest, da man aber die von ihnen pro-

3. Basidiomycetes, Ständerpilze

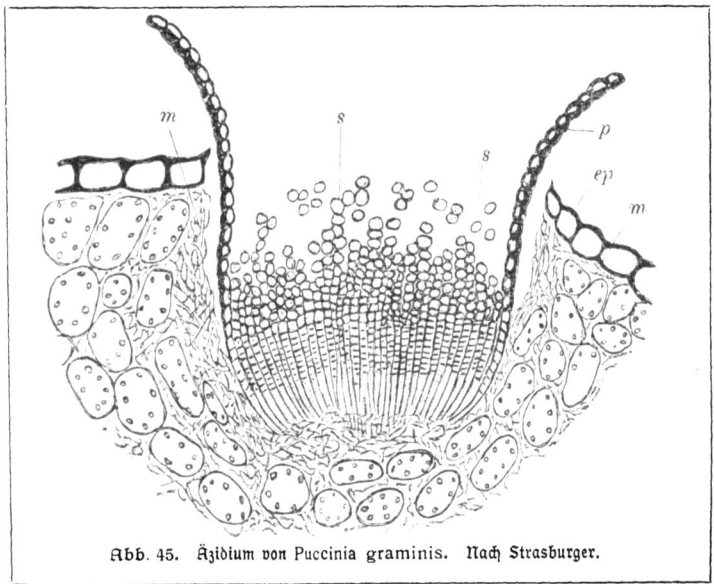

Abb. 45. Äzidium von Puccinia graminis. Nach Strasburger.

duzierten kleinen Zellen nicht zu regelmäßiger Keimung bringen konnte, so scheinen sie auch nicht als Konidien zu funktionieren. Um so besser ist man aber über die Äzidien orientiert. Sie erzeugen große Mengen kettenförmig aneinander gereihter und durch gegenseitigen Druck etwas abgeplatteter Sporen, die in demselben Maße unten im Grunde des Bechers entstehen, wie sie oben durch den Wind verstäubt werden (Abb. 45 s). Das Ganze wird eingeschlossen durch eine becherförmige Hülle von Zellen, die außen stärker verdickt sind als innen (Abb. 45 p). Merkwürdigerweise können nun die Äzidiosporen nicht wieder auf Berberitze keimen, sondern nur auf Getreide und Gräsern.

Wir lernen damit eine Erscheinung kennen, die bei den Uredineen eine große Rolle spielt, den sogenannten Wirtswechsel. Er ist dadurch charakterisiert, daß ein und derselbe Parasit nacheinander in mehreren Wirten schmarotzt, die sich in gesetzmäßiger Weise ablösen. Der Name stammt aus der Zoologie, wo der Wirtswechsel bei den Endoparasiten außerordentlich weit verbreitet ist. Hier ist es ge-

66 Die Pilze. II. Spezieller Teil

wöhnlich so, daß in dem einen, dem definitiven Wirt, die geschlecht=
liche Fortpflanzung, in dem anderen, dem Zwischenwirt, dagegen
überhaupt keine oder doch nur eine ungeschlechtliche Fortpflanzung
der Parasiten erfolgt. Auch diese beiden Namen sind von den Pilz=
forschern übernommen, und sie bezeichnen als Zwischenwirt den=
jenigen, auf dem sich die Äzidien und Spermogonien befinden. Ber=
beris ist also der Zwischenwirt für Puccinia graminis.

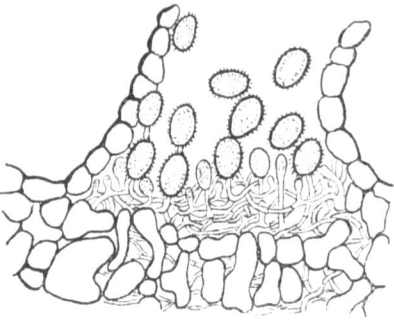

Abb. 46. Uredolager. Nach Wettstein.

Von diesem geht der Pilz wie gesagt auf verschiedene Gramineen über. Die Keim=
schläuche der Äzidiosporen dringen durch die Spaltöffnun=
gen ein und schon etwa acht Tage nach dem Aufbrechen der
Azidien auf der Berberitze er=
scheinen auf den Blättern in
der Nähe gelegener Getreide=
felder kleine, ockerfarbige, läng=
lich=runde Flecken (Abb. 44 A). Wenn man diese Flecken mikroskopisch
untersucht, so findet man, daß an diesen Stellen die Epidermis durch
Pilzhyphen aufgebrochen ist, die an ihren Enden hellbraune einzellige
Sporen von eirunder Gestalt tragen (Abb. 46). Man nennt sie die
Uredo= oder Sommersporen des Pilzes. Sie entstehen in großen Mengen
und haben, wenn sie auf andere Getreidepflanzen geweht werden,
die Fähigkeit, sofort wieder auszukeimen. Dazu sind in ihrer sonst
ziemlich derben Membran ein paar dünne Stellen vorgebildet, durch
die der Keimschlauch austritt (Abb. 44 A rechts). Sie erzeugen dann
nach 8—10 Tagen wieder neue Uredosporenlager, so daß im Laufe
des Sommers das Spiel sich 5—6 mal wiederholen kann. Auf diese
Weise erklärt es sich, daß einige wenige Äzidiosporeninfektionen im
Frühjahr genügen, um den Rost über ein ganzes Feld zu verbreiten.
Wenn wir z. B. annehmen, daß Ende April ein Feld durch nur
100 Äzidiosporen infiziert sei, so werden aus diesen bis Ende Mai
— vorausgesetzt, daß aus jedem Uredolager nur 100 Sporen hervor=
gehen — $100 \cdot 100 \cdot 100 = 1\,000\,000$ Sporen geworden sein, und
Ende Juni werden sie sich auf $1\,000\,000 \cdot 100 \cdot 100 = 10$ Milliarden
Uredosporen vermehrt haben.

3. Basidiomycetes, Ständerpilze

Gegen den Spätsommer verlängern sich die Uredolager und bekommen eine braunschwarze Farbe (Abb. 44 B). Das rührt daher, daß jetzt zwischen den Uredosporen oder auch an ihrer Stelle noch andere, also eine vierte Sporenform gebildet wird, die Teleuto- oder Wintersporen. Diese sind zweizellig (Abb. 44 B rechts) und keimen erst im Frühjahr. Dann treibt jede ihrer beiden Zellen einen kurzen Keimschlauch, der aber nicht direkt in eine Wirtspflanze eindringt, sondern zunächst an seinem Ende vier kleine Zellen abgliedert, die wieder je ein kleines Zweiglein erzeugen, das an seinem Ende eine kleine runde Spore trägt (Abb. 44 B rechts). D. h. aus den Teleutosporen entstehen Basidien mit Basidiosporen. Damit hätten wir die fünfte und letzte Sporenform der Uredineen kennen gelernt.

Die im Frühjahr entstandenen kleinen Basidiosporen können nun nicht auf Gramineen, sondern nur auf Berberitze keimen, wo sie wieder Äzidien und Spermogonien erzeugen, und damit ist der Kreislauf geschlossen, der nachstehend noch einmal schematisch dargestellt ist.

Einen solchen komplizierten Wirtswechsel wie der Schwarzrost haben noch eine ganze Reihe anderer Uredineen, von denen wir eine Anzahl hier anführen wollen. (Siehe Seite 68.)

Neben diesen wirtswechselnden Rostpilzen stehen dann diejenigen, bei denen alle Fruchtformen auf demselben Wirt vorkommen. Dazu gehört vor allem der Rosenrost, Phragmidium subcorticium, und der Spargelrost, Puccinia Asparagi. Dieser hat bei uns, wo er einheimisch ist, keinen sehr großen Schaden angerichtet, dagegen ist er

	Äzidienwirt	Uredo- u. Teleutosporenwirt
Puccinia graminis (Schwarzrost)	Berberitze	Gramineen
Puccinia dispersa (Braunrost)	Ochsenzunge	Roggen
Puccinia coronifera (Kronenrost)	Faulbaum	Hafer
Gymnosporangium Sabinae (Birnenrost)	Birnbaum	Sadebaum
Peridermium Strobi (Blasenrost)	Weymutskiefer	Johannis- u. Stachelbeeren
Uromyces Pisi (Erbsenrost)	Wolfsmilch	Erbsen

in Amerika, wohin er von uns aus verschleppt wurde, sehr gefürchtet. Dieser Erscheinung, daß ein Organismus in einem neu besiedelten Lande sich viel stärker ausbreitet als in seinem Heimatlande, begegnet man auch sonst sehr häufig. Bekannt sind ja z. B. die Schädigungen, die durch aus Europa eingeschleppte Kaninchen und Sperlinge in Australien angerichtet sind. Deshalb ist es berechtigt, daß Pflanzen, die aus fernen Ländern eingeführt sind, einer genauen Kontrolle unterzogen werden, wie das in Amerika durch Gesetz gefordert wird. Auch bei uns erfüllt das Kolonialinstitut in Hamburg solche Aufgaben.

Damit ist aber die Mannigfaltigkeit der Uredineenbiologie noch nicht erschöpft. Es gibt eine ganze Reihe, bei denen die eine oder die andere von den genannten fünf Sporenformen nicht gebildet wird, oder auch nicht bekannt geworden ist. Da sind zunächst einige Getreideroste zu nennen, bei denen man keine Äzidien kennt. Puccinia triticina, der Braunrost des Weizens, Puccinia glumarum, der Gelbrost auf Weizen, Roggen und Gerste, und Puccinia simplex, der Zwergrost auf Gerste. Es ist in diesen Fällen zweifelhaft, ob man die Zwischenwirte nur noch nicht gefunden hat, oder ob die Äzidien wirklich fehlen. Im zweiten Falle ist nämlich nicht klar, wie die Pilze den Winter überdauern, da man festgestellt hat, daß die Basidiosporen das Getreide nicht infizieren können und die Uredosporen in unseren Breiten nicht überwintern zu können scheinen. Man muß wohl annehmen, daß die Uredosporen in geschützten Lagen doch am Leben bleiben und dann im Frühjahr durch den Wind verbreitet werden. Daß diese leichten Sporen auf sehr weite Entfernungen

3. Basidiomycetes, Ständerpilze

transportiert werden können, geht z. B. daraus hervor, daß man einmal nachgewiesen hat, daß mineralischer Staub, der sicherlich schwerer war, von Afrika nach Hamburg geweht war. Daß die Luft zahlreiche Uredineensporen enthält, konnte man durch besondere im Freien aufgestellte Fangvorrichtungen nachweisen. So fand man z. B. einmal auf einem im Freien aufgestellten Wattequadrate von 7,5 cm Seitenlänge binnen 8 Tagen 824 Uredosporen des Gelbrostes.

Außer diesen unsicheren Fällen gibt es aber auch solche, bei denen die Äzidien mit Sicherheit fehlen.. Da ist z. B. Puccinia Chrysanthemi zu nennen, die auf Chrysanthemen schmarotzt. Der Pilz ist aus Japan eingeschleppt und hat sich auch in unseren Gewächshäusern verbreitet, wo die Uredosporen das ganze Jahr hindurch entstehen.

Aber auch die anderen Sporenformen können fehlen. So finden wir beim Malvenrost nur Teleutosporen und die aus ihnen hervorgegangenen Basidiosporen, so daß Spermogonien, Äzidien und Uredolager fehlen. Bei anderen fehlen wieder nur die Uredosporen, bei Endophyllum endlich Uredo- und Teleutosporen. Bei dieser Gattung gehen dann die Basidien direkt aus den Äzidiosporen hervor (Abb. 40 3).

Abgesehen von dem Wirtswechsel und dem Ausfall mancher Sporenformen wird die Biologie der Rostpilze noch durch eine weitere Erscheinung kompliziert, die man die Spezialisierung der Arten nennt. Man hat nämlich festgestellt, daß innerhalb der Arten noch Formen vorkommen, die zwar morphologisch durch nichts zu unterscheiden sind, die sich aber biologisch an ganz bestimmte Nährpflanzen angepaßt haben. Von Puccinia graminis z. B. kennt man durch die Untersuchungen von Eriksson sechs spezialisierte Formen:

1. eine Form, die noch nicht scharf fixiert ist, die auf Weizen, auch auf Roggen, Gerste und Hafer vorkommen kann,
2. eine Form, die auf verschiedenen Gerstenarten und Roggen vorkommt,
3. eine Form, die auf Hafer und einige Gräser beschränkt ist,
4. eine Form, die nur auf Poa (Gras)-Arten vorkommt,
5. eine Form auf Deschampsia (Gras),
6. eine Form auf Agrostis (Gras).

Alle bilden ihre Äzidien auf Berberitze aus, aber die Form 2 oder das aus ihr hervorgegangene Äzidium kann nur Roggen und Gerste infizieren. Die Form 3 nur Hafer, niemals gelingt es mit Form 3 Roggen, Gerste oder Weizen zu infizieren. Durch diese Anpassung an bestimmte Nährpflanzen erklärt es sich, daß oft nebeneinander stehende Getreidearten eine ganz verschiedene Intensität der Rosterkrankung zeigen. Daß diese Spezialisierung eine verhältnismäßig junge Erscheinung ist, die sich auch durch äußere Umstände noch leicht wieder ändern kann, zeigt die Tatsache, daß die Form 2 sich in Nordamerika an Gerste und Weizen, und nicht wie bei uns an Gerste und Roggen angepaßt hat.

Diese Spezialisierung in nur physiologisch verschiedene Formen scheint eine bei den Rostpilzen weit verbreitete Erscheinung zu sein, denn man hat sie auch bei anderen Arten, z. B. beim Braunrost und beim Kronenrost gefunden. Wahrscheinlich haben wir hier werdende Arten vor uns, aus der physiologischen Differenzierung wird sich allmählich auch eine morphologische entwickeln. Einen weiteren Schritt auf diesem Wege zeigt z. B. Peridermium Pini f. acicola, das seine Äzidienform auf Kiefernnadeln hat, mit deren Sporen sich auf verschiedenen Nährpflanzen Teleutosporenlager erzeugen lassen, die auch morphologisch unterscheidbar sind, so z. B. auf Senecio, Pulsatilla, Campanula, Euphrasia usw. Impft man nun mit den so erhaltenen Teleutosporen auf Kiefernnadeln, so erhält man Äzidien, die alle übereinstimmend aussehen, mit ihren Sporen kann man aber nur diejenige Nährpflanze wieder infizieren, von der die Teleutosporen stammten. In diesem Fall ist also die eine Sporenform auch schon morphologisch differenziert, und es ist wohl nur eine Frage der Zeit, daß diese Differenzierung auch auf die Äzidien übergreift. Wir haben hier also die interessante Tatsache, daß wir neue Arten gleichsam vor unseren Augen entstehen sehen, oder wenigstens deutlich darauf hingewiesen werden, wie sie entstehen mögen.

Es ist klar, daß diese komplizierten Verhältnisse nur durch hingebende Arbeit zahlreicher Forscher — neben Eriksson ist hier besonders Klebahn zu nennen — aufgeklärt werden konnten. Daß man sich so eingehend mit der Biologie der Rostpilze beschäftigt hat, liegt wohl hauptsächlich an der großen wirtschaftlichen Bedeutung dieser Pilze. Die durch sie veranlaßten Schäden übertreffen bei weitem alle durch andere Feinde veranlaßten Verluste. Die Rostepidemien treten nicht jedes Jahr gleich stark auf, sondern sind abhängig von der Witterung. Spätfröste, anhaltend schwüle, feuchte, lichtarme Sommerwitterung lassen ein sogenanntes Rostjahr erwarten, in dem die Schädigungen des Getreidebaues ins Gewaltige steigen können. In

3. Basidiomycetes, Ständerpilze

einem solchen Rostjahr 1891 hat man den Ernteausfall an Weizen, Roggen und Hafer in Preußen auf über 418 Millionen Mark berechnet. Aber auch in dem Nichtrostjahr 1892 betrugen sie immer noch 26,5 Millionen. Der Grund für diese großen Verluste liegt hauptsächlich darin, daß man bisher keine erfolgreichen Bekämpfungsmaßregeln kennt. Die bei anderen Pilzkrankheiten üblichen Bekämpfungsmittel, wie das Spritzen mit Kupferkalkbrühe, versagen in diesem Falle. Bei den wirtswechselnden Rostpilzen hat man geglaubt, durch Ausrotten der Zwischenwirte zum Ziel zu kommen. Auch dies hat aber zu einer Enttäuschung geführt, denn auch in Ländern, wo es so gut wie keine Berberitzen mehr gibt, stirbt der Schwarzrost nicht aus. Es hängt das wahrscheinlich zusammen mit der schon erwähnten Fähigkeit der Uredosporen in geschützten Lagen zu überwintern. Sicher nachgewiesen ist das aber für alle Gegenden noch nicht, und so tappen wir in bezug auf die Lebensweise der Rostpilze noch in vieler Beziehung im Dunkeln. Erst von ihrer weiteren Erforschung wird man auch größere Erfolge in der Bekämpfung der gefährlichen Schädlinge erhoffen dürfen.

Wir sind bei der Schilderung der Entwicklungsgeschichte der Uredineen nicht auf die Kernverhältnisse eingegangen und wollen das nun nachholen. Wie bei den Ustilagineen vermißt man bei den Uredineen eigentliche Sexualorgane, und da sie auch bei den noch zu schildernden Gruppen der Basidiomyzeten fehlen, so hat man lange Zeit geglaubt, daß diese ganze zweite Hauptabteilung der höheren Pilze sich nur ungeschlechtlich fortpflanze. Heute wissen wir, daß diese Meinung falsch ist, an irgendeiner Stelle findet bei allen Gruppen ein versteckter Geschlechtsakt statt. Für die Uredineen hatte man ihn schon immer bei der Entstehung der Äzidien suchen zu sollen geglaubt. Man meinte, die sogenannten Spermatien in den Spermogonien würden ein weibliches Organ befruchten, aus dem sich dann das Äzidium entwickelte. Das hat sich zwar nicht bestätigt, aber man war insofern auf der richtigen Fährte, als tatsächlich die Entwicklung der Äzidien mit einem Sexualakt beginnt.

Wenn die Äzidien angelegt werden, so findet man im Gewebe der infizierten Blätter ein Knäuel von Hyphen, die sich bald alle senkrecht nach der Blattoberfläche wenden (Abb. 47 A). Diese Hyphenzellen sind sämtlich einkernig. Sie teilen sich in eine obere sterile und eine untere fertile (Abb. 47 B), und erstere löst sich darauf ab.

Die Pilze. II. Spezieller Teil

Die fertilen Zellen dagegen legen sich paarweise aneinander, worauf die obere Hälfte der Berührungswand aufgelöst wird (Abb. 47 C). Dadurch verschmelzen die Plasmaleiber der beiden Zellen, aber nicht ihre Kerne. Diese treten vielmehr jetzt in konjugierte Teilungen ein, während die durch die Plasmogamie verdoppelte Hyphe senkrecht nach oben weiter wächst (Abb. 47 D). Von den beiden Kernpaaren bleibt das eine in den Fußteilen der Doppelhyphe liegen, das andere dagegen wird durch eine Wand von der Fußzelle abgetrennt (Abb. 47 D u. E). Diese dadurch entstandene neue Zelle ist eine Äzidiosporenmutterzelle. Das heißt, ehe sie zur Äzidiospore wird, schneidet sie noch einmal eine kleine sterile Zwischenzelle ab, die bald zugrunde geht (Abb. 47 F z_1 und z_2).

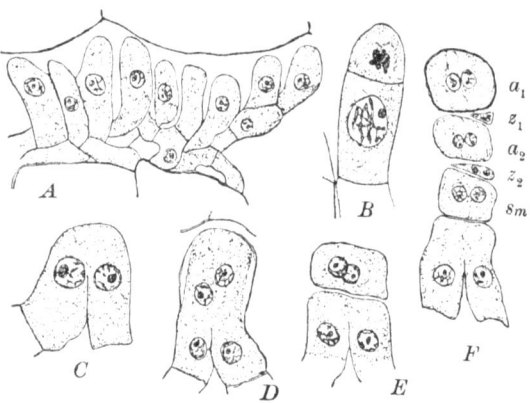

Abb. 47. Entstehung der Äzidiosporen. Nach Christmann.

Die Äzidiospore rundet sich dann ab, bekommt eine dicke Membran und wird allmählich reif, aber ihre beiden Kerne bleiben immer ohne Kopulation nebeneinander liegen. Indessen hat sich das Kernpaar in der Fußzelle mehrfach weiter geteilt und (Abb. 47 F) zwei neue Mutterzellen abgeschnürt, von denen a_2 auch schon die Zwischenzelle z_2 gebildet hat. Diese Tätigkeit setzt das basale Kernpaar fort, solange das Äzidium Sporen erzeugt.

Wir finden also bei den Rostpilzen dieselbe Kernkonjugation ohne sofortige Kopulation, wie wir sie schon bei den Schlauch- und den Brandpilzen kennen gelernt haben. Wo erfolgt aber hier die endgültige Verschmelzung? Die Äzidiosporen bleiben, wie gesagt, zweikernig, auch das von ihnen erzeugte Mycel und die darauf entstehenden Uredosporen behalten die Zweikernigkeit bei. Erst in den Teleutosporen erfolgt endlich die Kernverschmelzung. Das wird durch Abb. 48

3. Basidiomycetes, Ständerpilze

veranschaulicht. Von unten kommt eine Hyphe mit zweikernigen Zellen, die sich in drei Äste teilt. Den linken bilden zwei Zellen mit zwei Kernen im Ruhezustand; der mittelste ist im Entstehen, und es erfolgt gerade die Kernteilung, die das für ihn bestimmte Paar liefert; der rechte endlich hat oben schon eine zweizellige Teleutospore gebildet, in deren oberster Zelle die Kernverschmelzung vollzogen ist. Wenn bies auch in der unteren Zelle geschehen ist, so fällt die Teleutospore ab und überdauert in diesem Zustande den Winter. Im nächsten Frühjahr wächst aus jeder ihrer Zellen eine Basidie hervor (Abb. 44 B rechts).

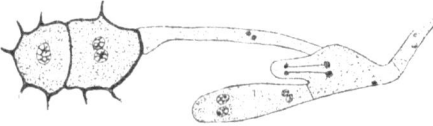

Abb. 48. Entstehung der Teleutosporen. Nach Blackmann.

Jetzt erfolgt durch zweimalige Kernteilung die Chromosomenreduktion. Da diese hier besser als bei den Askomyzeten zu beobachten ist, wollen wir sie noch einmal schildern.

Vorausschicken müssen wir, daß man bei der in Frage kommenden Uredinee in den vegetativen Teilungen nur zwei Chromosomen findet (Abb. 49 I). Wenn sich nun der Verschmelzungskern zur Teilung anschickt, so sehen wir zunächst seine Chromosome zu einem System ganz zarter Fäden ausgesponnen (Abb. 49 II). Darauf folgt ein Stadium, in dem die Chromosomen paarweise umeinander verschlungen liegen (Abb. 49 III), um dann völlig zu dicken Fäden miteinander zu verschmelzen (Abb. 49 IV).

Wenn die Deutung, die man diesen Vorgängen, die im ganzen Organismenreiche sich wiederholen, gibt, richtig ist, so haben wir erst hier den Höhepunkt des ganzen Sexualaktes vor uns. Denn erst in diesem Augenblick verschmelzen die Chromosomen, die Träger der erblichen Eigenschaften (S. 8) wirklich miteinander. Hier ist der Punkt, wo bei Organismen mit getrennten Geschlechtern eine Vermischung der elterlichen Eigenschaften stattfinden kann. Da aber sehr viele Organismen, wie die meisten der von uns geschilderten Pilze, eine dauernde Selbstbefruchtung zeigen, ist das wahrscheinlich nur eine Nebenbedeutung der Chromosomenverschmelzung. Die Hauptsache wird sein, daß bei fortgesetzter vegetativer Kernteilung die Abkömmlinge schließlich ungleich werden müssen, und daß deshalb der Sexualakt eingreifen muß, um durch den Ausgleich der Extreme den Normalzustand wieder herzustellen.

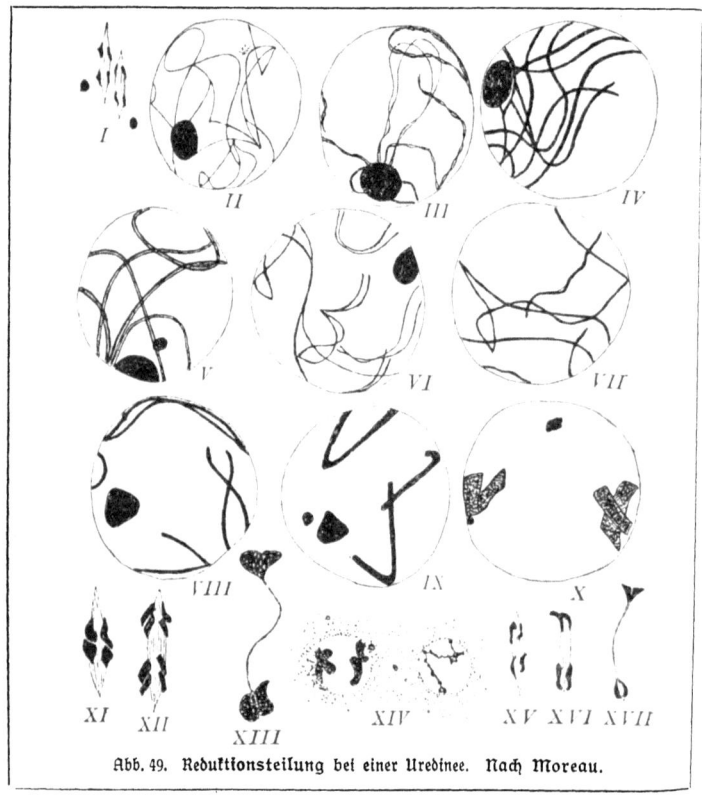

Abb. 49. Reduktionsteilung bei einer Uredinee. Nach Moreau.

Nach dieſer innigen Vermiſchung weichen die Chromoſomen wieder auseinander (Abb. 49 V und VI). Dann bilden ſie wieder ein einfaches Fadenſyſtem, das aber kürzer und dafür dicker iſt als zu Anfang (Abb. 49 VII). Dieſe Zuſammenziehung dauert noch weiter an (Abb. 49 VIII und IX), bis ſchließlich vier kurze, paarweiſe zuſammenliegende Chromoſomen daraus entſtehen (Abb. 49 X). Nunmehr entſteht die Kernſpindel, in deren Mitte die vier Chromoſomen angeordnet werden (Abb. 49 XI). Während die beiden Paare nun auseinander gezogen werden, erfährt jedes einzelne Chromoſom eine Längsſpaltung (Abb. 49 XII), woran man ſieht, daß die vier dicken

3. Basidiomycetes, Ständerpilze

Stücke, die sich vorher in der Mitte der Spindel angeordnet hatten (Abb. 49 XI), wirklich ganze Chromosomen sind und nicht etwa die Hälften von ihnen, wie bei einer gewöhnlichen Teilung (Abb. 49 I). In dem Endstadium der Reduktionsteilung wird die Längsspaltung wieder undeutlich, so daß an den Enden der jetzt zu einem Faden ausgezogenen Spindel je zwei ganze Chromosomen liegen (Abb. 49 XIII). Darauf verschwindet die Spindel und die Chromosomen lockern sich zu zwei Tochterkernen auf (Abb. 49 XIV). Jeder von ihnen teilt sich noch einmal, aber bei dieser Teilung sieht man keine Längsspaltung der an die Spindelpole rückenden Chromosomen (Abb. 49 XV—XVII), es sind also nicht ganze, sondern halbierte Chromosomen, was auch daraus hervorgeht, daß ihre Größe ungefähr halb so groß ist, wie bei der ersten Teilung (vgl. Abb. 49 XV und XI). Sie haben dadurch wieder die Größe der Chromosomen bei der gewöhnlichen Teilung erlangt (Abb. 49 I), so daß jetzt in jedem der vier Enkel des Verschmelzungskernes wieder zwei Chromosomen von normaler Größe liegen, und damit ist die Chromosomenreduktion vollendet.

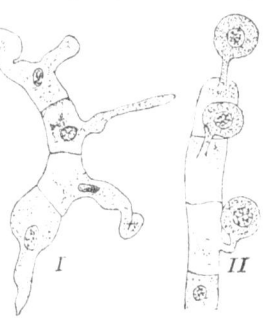

Abb. 50. Entstehung der Basidiosporen bei einer Uredinee. Nach Blackmann.

Die vier Basidienkerne werden nun durch Wandbildung voneinander getrennt. Jede von den so entstandenen vier Zellen bildet in der Weise, wie es die Abb. 50 I und II besser als eine Beschreibung veranschaulicht, eine Basidiospore. Wie aus dieser wieder neue Äzidien hervorgehen, haben wir schon beschrieben.

Etwas abweichend muß natürlich der Entwicklungsgang bei denjenigen Uredineen verlaufen, denen die eine oder die andere Sporenform fehlt. Da sind z. B. die Rostpilze ohne Äzidium, wie der Chrysanthemumrost. Bei diesen findet die Kernkopulation bei der Uredosporenbildung statt. Wenn auch diese fehlen, erfolgt sie bei der Teleutosporenbildung, wie beim Malvenrost. Sehr interessante Verhältnisse hat Frau Moreau vor einiger Zeit bei einem Endophyllum aufgedeckt. Dieser Pilz ist in seinem ganzen Entwicklungsgang einkernig, es findet also weder eine Kopulation noch eine Verschmelzung von Kernen statt, und infolgedessen natürlich auch keine Reduktion.

Es ist das der einzige Fall, wo mit Sicherheit eine dauernde rein vegetative Entwicklung eines Pilzes nachgewiesen ist.

Zum Schluß wollen wir uns noch fragen, was für Beziehungen zwischen den Uredineen und anderen Gruppen des Pflanzenreiches bestehen. Ähnlich wie für die Askomyzeten glauben manche Pilzforscher auch für diese eine Verwandtschaft mit den Florideen annehmen zu sollen, weil sie die sogenannten Spermatien für männliche Befruchtungskörper halten, die wenigstens früher passiv an eine Trichogyne gespült oder geweht seien und diese befruchtet haben. Als Rest dieser Trichogyne sehen sie die sterile Zelle über den fertilen Fäden am Grunde der Äzidienanlagen an (Abb. 47 B). Uns will diese Ableitung ebensowenig einleuchten wie für die Askomyzeten. Das Aneinanderlegen und Verschmelzen der beiden fertilen Fäden (Abb. 47 C) scheint uns vielmehr an die Verhältnisse bei den Zygomyzeten und manchen einfachen Askomyzeten zu erinnern, wo sich auch zwei ganz gleich gestaltete Zellen aneinander legen und miteinander verschmelzen (Abb. 12 und 39). Wir hätten dann also bei den Uredineen auch Gametangien, wie bei den anderen großen Gruppen der Pilze, und damit wäre eine Brücke geschlagen zwischen den Phykomyzeten und Askomyzeten einerseits und den Basidiomyzeten andererseits.

c) **Autobasidiomycetes.** Die letzte große Ordnung der Basidiomyzeten, zu der alle Hutpilze gehören, ist durch ihre ungeteilten Basidien ausgezeichnet (Abb. 40 5 und 51 V). Das ist keine sehr starke Abweichung von dem Verhalten der anderen Gruppen, denn auch bei den Ustilagineen (Tilletia Abb. 40 1) kamen ungeteilte Basidien vor. Eine tiefere Kluft zwischen den Autobasidiomyzeten einerseits und den Ustilagineen und Uredineen andererseits scheint ein anderer Umstand zu bilden. Bei diesen Ordnungen sahen wir die Basidien immer aus den Dauersporen sich entwickeln. Bei den Ustilagineen waren es die Brandsporen (Abb. 41 V) und bei den Uredineen die Teleutosporen (Abb. 44 B). Diese Dauersporen waren deshalb besonders wichtig, weil in ihnen die letzte Phase des Geschlechtsaktes, die Kernverschmelzung vor sich ging. Diese Dauerspore fehlt nun den Autobasidiomyzeten, die Basidien entstehen direkt aus den Hyphen (Abb. 54), und man könnte deshalb wohl Zweifel hegen, ob das, was wir bei den anderen Unterordnungen Basidien genannt haben, wirklich mit den Basidien der Hutpilze gleichwertig ist. Es gibt aber

3. Basidiomycetes, Ständerpilze

ein paar Übergangsbildungen, die diese Zweifel als unberechtigt erweisen. Da ist zunächst eine Familie der Uredineen zu nennen, die wir wegen ihrer geringen Bedeutung für die Praxis bei den Rostpilzen nicht behandelt haben. Es ist die Gattung Coleosporium, bei der sich die Teleutospore nach der Kernverschmelzung in vier Zellen teilt, von denen jede an einem ziemlich langen Stielchen eine Basidiospore erzeugt (Abb. 51 II). Es ist das also ein ganz anderes Verhalten wie bei jenen Uredineen, bei welchen die Teleutospore vor der Kernverschmelzung mehrzellig wird, und dann jede Teleutosporenzelle eine Basidie mit je vier Basidiosporen treibt (Abb. 44 B). Das Verhalten von Coleosporium ist nur so zu deuten, daß bei ihm die Basidie innerhalb der Teleutospore durch Zerlegung in vier Zellen entsteht.

Abb. 51. Übergang des Uredineenbasidium in das Basidium der Autobasidiomyzeten. Nach Wettstein.

Wenn also hier die Teleutospore durch einfache Zellteilung zur Basidie wird, so ist es nicht zu verwundern, daß es auch Fälle gibt, wo die Teleutospore gar nicht mehr ausgebildet wird, sondern an deren Stelle direkt eine quergeteilte Basidie am Myzel gebildet wird. Das ist der Fall bei den Auricularineae (Abb. 51 III), einer Gruppe, die hierdurch die engste Verbindung zwischen den Uredineen und den Autobasidiomyzeten herstellt. Der Vollständigkeit wegen wollen wir noch erwähnen, daß mit ihnen nahe verwandt die Tremellineae sind, bei denen die Basidien nicht quer, sondern längs geteilt sind (Abb. 51 IV). Daß daraus durch Fortfall der Teilungswände die typische Basidie (Abb. 51 V) leicht entstehen konnte, ist ohne weiteres verständlich.

Bei den Autobasidiomyzeten ist also an die Stelle von Dauerspore + quergeteilter Basidie die ungeteilte Basidie getreten. Man wird daher erwarten, daß sich in ihr die Vorgänge abspielen, die wir bei den anderen Unterordnungen in jenen beiden Gebilden feststellten, nämlich die Kernverschmelzung und die Chromosomenreduktion. Tatsächlich hat man sie auch dort gefunden, und zwar schon vor etwa 20 Jahren. Man wußte auch, daß die Hyphen, auf denen die Basidien entstehen, immer zweikernige Zellen haben, genau wie das die Teleutosporen bildende Myzelium (Abb. 48). Während man aber bei den Uredineen über die Herkunft der beiden Kerne schon seit längerer Zeit orientiert war, tappte man bei den Autobasidiomy= zeten in bezug auf diese Fragen völlig im Dunkeln. Erst während des Krieges haben ein deutscher Forscher Kniep und eine Fran= zösin Benfaude unab= hängig voneinander diese Verhältnisse ge= klärt.

Wir wollen hier zunächst einen ver= hältnismäßig einfa= chen Fall schildern, den Kniep studiert hat. Nach ihm findet man in der jungen Basidie von Hypochnus ter= restris zwei Kerne, die später verschmel= zen (Abb. 52 I—III). Es erfolgt dann durch zwei Kernteilungen sofort die Reduktion, die wir hier nicht genauer behandeln wollen, weil sie gegen= über den bei den As=

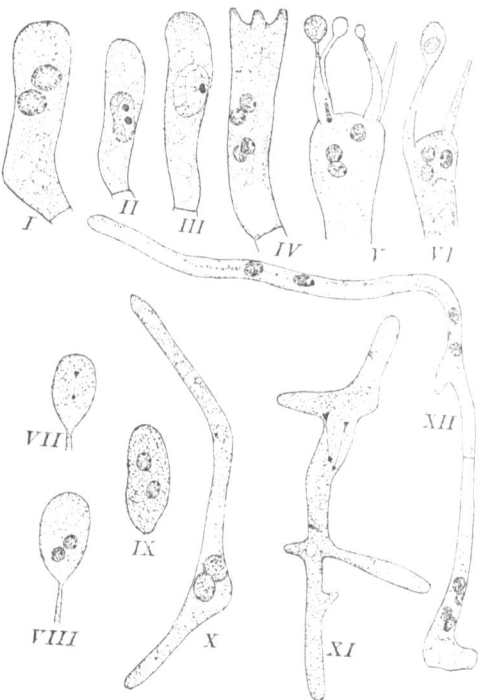

Abb. 52. Entwicklung von Hypochnus terrestris. Nach Kniep.

tomyzeten und Uredi= neen geschilderten Verhältnissen nichts neues bietet. Nach den Reduk= tionsteilungen liegen dann vier Kerne mit einfacher Chromosomenzahl in der Basidie. Dies zeigt Abb. 52 IV, in der man gleichzeitig sieht, daß sich an der Spitze kleine Auswüchse bilden, die zu den Stielen der Basi= diosporen werden (Abb. 52 V). Je einer von den vier Kernen wandert in sie hinein, während sich die Basidiosporen an ihren Spitze bilden (Abb. 52 V und VI). Nun geschieht etwas sehr Merkwürdiges, was das Rätsel der Entstehung des zweikernigen Myzels sofort löst. Der Kern der Basidiospore teilt sich nämlich schon, ehe sie von der Basidie abfällt (Abb. 52 VII und VIII). Die keimende Basidiospore enthält also von vornherein ein Kernpaar (Abb. 52 IX und X), das sich fortan konjugiert weiter teilt (Abb. 52 XI), so daß das ganze Mycel dann aus zweikernigen Zellen besteht (Abb. 52 XII), bis schließlich in der Basidie die Nachkommen des ursprünglich in der Basidiospore entstandenen Kernpaares wieder verschmelzen.

Die Sexualität ist also bei Hypochnus in einer Weise reduziert, wie wir das bisher noch nicht kennen gelernt haben. Es sind nicht nur keine Sexualorgane ausgebildet, sondern es kommt überhaupt zu keiner Zellverschmelzung. Das ist nur dadurch möglich, daß im ganzen Entwicklungsgang keine Zelle vorkommt, die dauernd einkernig ist. Nun sind aber eine ganze Reihe von Hutpilzen bekannt, deren jugendliche Mycelien zweifellos einkernige Zellen besitzen (Abb. 1 I), während das ältere Mycel wie die ganzen Fruchtkörper zweikernig sind. Kniep mußte sich also die Frage vorlegen, wie bei diesen Formen die Zweikernigkeit zustande käme. Es war von vornherein nicht ausgeschlossen, daß hier beim Übergang vom einkernigen zum zweikernigen Mycel, etwa bei der Entstehung der Fruchtkörper, Sexualorgane ausgebildet würden. Kniep hat aber bei verschiedenen Arten der Gattung Coprinus nichts derartiges gefunden, und auch Bensaude ist zu demselben Ergebnis gekommen. Kniep findet vielmehr, daß in irgendeiner oder mehreren Zellen des einkernigen Mycels, die in keiner Weise vor den übrigen sich auszeichnen, plötzlich zwei Kerne auftreten (Abb. 53 I a), die sich fortan konjugiert teilen und so dem Paarkernmycel den Ursprung geben. Er ist der Ansicht, daß dieses Kernpaar durch einfache Teilung aus einem Einzelkerne, der vorher in der betreffenden Zelle lag, entstanden ist. Er stützt sich dabei auf seinen oben geschilderten Befund bei Hypochnus, bei dem er ja tatsächlich eine derartige Entstehung des Kernpaares in der Basidiospore nachgewiesen hat. Nur als Ausnahmefall beschreibt er noch eine andere Weise der Kernverdoppelung. Er hat nämlich einige Male beobachtet, daß zwischen benachbarten Hyphen eines einkernigen Mycels eine Verbindung entsteht, und daß durch diese Verbindung ein Kern aus der einen in die andere überwandert, so daß in dieser dann eine Zelle mit einem Kernpaar entstanden ist. In Abb. 53 II ist ein solches Stadium wiedergegeben, aus der Zelle *a* der einen Hyphe ist das Verbindungsstück *v* der anderen Hyphe hingewachsen und hat sich mit dieser an der Stelle *c* vereinigt. Der

Kern der Zelle *a* ist durch das Verbindungsstück hindurch gewandert und ist gerade im Begriff bei *c* in die Zelle *b* der anderen Hyphe einzutreten. Diese wird dadurch ein Kernpaar erhalten und kann sich hinfort konjugiert weiter teilen. Wie gesagt, hält Kniep das für einen Ausnahmefall; wir haben diesen Vorgang trotzdem eingehend geschildert, weil die Untersuchungen von Bensaude es wahrscheinlich machen, daß alle Kernverdoppelungen bei den Hutpilzen in dieser Weise zustande kommen. Die französische Forscherin ist nämlich — angeregt durch die Erfahrungen Blakeslees mit Mukorineen — auf den glücklichen Gedanken gekommen, zu prüfen, ob vielleicht nicht auch bei den Basidiomyzeten der Geschlechtsakt nur vollzogen wird zwischen zwei geschlechtlich differenzierten, aber sonst nicht unterscheidbaren Myzelien. Sie hat deshalb Myzelien aus einzelnen Sporen gezogen. So lange diese getrennt

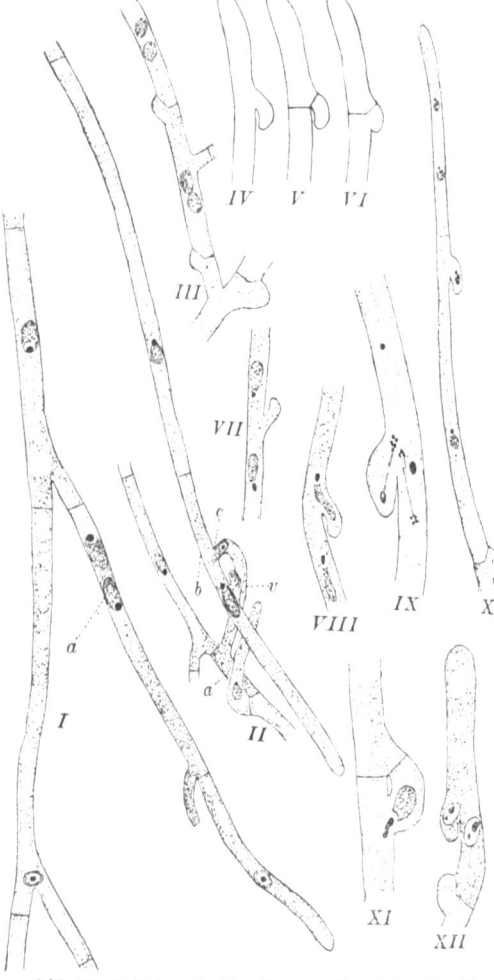

Abb. 53. Entstehung des Paarkernmyzels und der Schnallenhyphen bei den Hutpilzen. Nach Kniep.

3. Basidiomycetes, Ständerpilze

voneinander wachsen, bildeten sie immer nur einkernige Zellen, sobald aber die beiden Myzelien miteinander in Berührung gebracht wurden, traten auf ihnen Hyphen mit Paarkernen auf. Bensaude schließt aus diesem Ergebnis, daß in den Mischkulturen die geschlechtlich differenzierten einkernigen Hyphen miteinander in Verbindung getreten sein müssen und Kerne des einen in Zellen des anderen hinüber gewandert sind. Direkt beobachtet hat sie diese Kernwanderungen nicht, aber wahrscheinlich hat das Kniep getan in dem oben geschilderten und von ihm als Ausnahmen geschilderten Fällen. So ergänzen sich die Studien der beiden Forscher aufs Beste, und wenn auch noch manche Einzelheiten weiterer Untersuchung bedürfen, so sind wir in der Hauptsache über die Sexualität der höheren Basidiomyzeten jetzt doch genügend unterrichtet.

Die Kniepschen Untersuchungen haben aber noch ein weiteres sehr interessantes Resultat gezeitigt. Schon seit langem sind an den Hyphen der Hutpilze eigentümliche Gebilde bekannt, die sogenannten „Schnallen". Man findet alle Querwände älterer Hyphen in eigentümlicher Weise geknickt, so daß sie nach der Spitze der Hyphe zu einen Winkel von etwa 135° bilden. Hinter dieser winkeligen Wand befindet sich dann immer eine kleine Ausbuchtung der Zelle (Abb. 53 III). „Schnallen" heißen diese Gebilde wegen ihrer Entstehung. Diese geht nämlich so vor sich, daß an jungen Hyphen ein kleines nach hinten gekrümmtes Ästchen erzeugt wird, daß sich der Ursprungshyphe anlegt, wie das Riemenstück einer Schnalle an den Hauptriemen (Abb. 53 IV). Das Ästchen wird durch eine schräge Wand von der Ursprungshyphe abgegliedert, während anschließend an diese eine zweite Wand in der Ursprungshyphe selbst entsteht (Abb. 53 V). Beide zusammen bilden den oben erwähnten Winkel. Darauf verschmilzt das Ästchen wieder mit der Ursprungshyphe (Abb. 53 VI), und so entsteht die Ausbuchtung hinter der Winkelwand. Kniep hat nun festgestellt, daß diese Schnallenbildung in engem Zusammenhang mit der konjugierten Kernteilung steht. Im Einkernmyzel findet man überhaupt keine Schnallen, sie treten immer erst im Paarkernmyzel auf, und zwar ist jede Schnallenbildung mit einer konjugierten Kernteilung verknüpft. Die Schnalle wird immer in der Mitte zwischen dem Kernpaar angelegt (Abb. 53 VII). Darauf rückt der eine Kern in die Schnalle hinein, während der andere in der Ursprungshyphe bleibt, aber auch auf die Höhe der Schnalle wandert (Abb. 53 VIII).

Jetzt setzt die konjugierte Teilung ein (Abb. 53 IX). Von den vier Tochterkernen rückt das eine Paar in die Spitze der jungen fortwachsenden Hyphe, von dem anderen Paar bleibt der eine Partner in der Schnalle und der andere rückt in den hinteren Teil der Ursprungshyphe (Abb. 53 X). Dann erfolgt die oben schon geschilderte Wandbildung und Verschmelzung der Schnalle mit der Ursprungshyphe (Abb. 53 XI). Durch die Verschmelzungsstelle wandert schließlich der Schnallenkern in den hinteren Teil der Ursprungshyphe ein (Abb. 53 XI), so daß dann auch dort wieder ein Kernpaar vorhanden ist (Abb. 53 III). Dieser Vorgang wiederholt sich bei jeder konjugierten Kernteilung.

Kniep macht mit Recht darauf aufmerksam, welche große Ähnlichkeit zwischen dieser Schnallenbildung und der Hakenbildung in den askogenen Hyphen der Schlauchpilze besteht. Man braucht sich den Askomyzetenhaken nur entsprechend verlängert zu denken, um fast dieselben Bilder wie bei der Schnallenbildung zu bekommen (vgl. Abb. 22 III und IV). Besonders in der Basidienbildungszone, wo die Zellen kürzer sind, trifft man häufig auf Bilder, die jungen Askomyzetenschläuchen völlig gleichen (Abb. 53 XII). Übereinstimmend ist auch, daß Schnallen und Hakenspitze mit der Ursprungshyphe in offene Verbindung treten (vgl. Abb. 22 IX—XI). Diese Übereinstimmung ist wahrscheinlich mehr als eine äußerliche Ähnlichkeit, es spricht sich darin eine innere Gleichwertigkeit aus, die ja auch darin zum Ausdruck kommt, daß in beiden Organen die Kernverschmelzung wie die Chromosomenreduktion stattfindet. Beide Organe sind auf gemeinsamen Ursprung zurückzuführen, man kann also daraus auf eine, wenn auch entfernte Verwandtschaft der Asko- und Autobasidiomyzeten schließen. Daß andererseits die typische Basidie der Hutpilze mit den Brandsporen der Brandpilze und den Teleutosporen der Rostpilze und den dazugehörigen, in ihrer Form nach wenig fixierten, Basidien vergleichbar sind, haben wir oben (S. 76) schon auseinandergesetzt. Askus, Brandspore, Teleutospore sind also ebenso miteinander homolog — so sagt man im Gegensatz zu analog (äußerlich ähnlich) — wie etwa der Flügel der Fledermaus, der Grabarm des Maulwurfs und der Arm des Menschen, um ein allbekanntes Beispiel zu nennen, das aber natürlich auf eine engere Verwandtschaft schließen läßt als die genannten Pilzorgane. Man kann daraus nur das eine mit Sicherheit entnehmen, daß die beiden großen Gruppen der Asko- und

3. Basidiomycetes, Ständerpilze

Basidiomyzeten auf einen gemeinsamen Ursprung zurückgehen. Daß dieser Ursprung nicht bei den Florideen sondern bei den niederen Pilzen, den Phykomyzeten, zu suchen ist, haben wir im Laufe unserer Darstellung verschiedentlich betont. Wie sich die Entwicklung im einzelnen vollzogen hat, bleibt allerdings noch ungeklärt.

Nachdem wir hiermit die allgemeinen Fragen, die sich an die Entwicklungsgeschichte der Hutpilze knüpfen, vorweg genommen haben, bleibt uns jetzt noch die Aufgabe, uns mit den wichtigsten ihrer Reihen und Familien vertraut zu machen.

Es ist eine auffallende Erscheinung, daß es unter den Basidiomyzeten eine ganze Anzahl von Gruppen gibt, die in ihrer Organisation Parallelbildungen zu gewissen Askomyzetenfamilien darstellen. Dahin gehören die **Exobasidineen**, eine parasitische Familie, die an den befallenen Pflanzen geschwulstartige Mißbildungen hervorruft und deren Basidien ohne Fruchtkörperbildung aus der Epidermis der Wirtspflanzen hervorbrechen (Abb. 54). Ein bekanntes Beispiel ist Exobasidium Vaccinii, das auf den verunstalteten Blättern und Blüten der Preißelbeere mehlweiße Überzüge hervorruft.

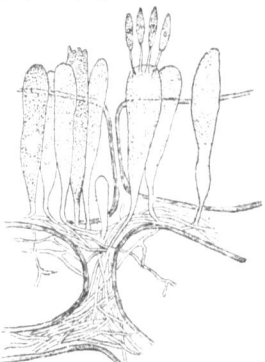

Abb. 54. Exobasidium Vacinii. Nach Woronie.

Die Exobasidineen bilden also ein vollständiges Gegenstück zu den Exoaszineen. Bei beiden Gruppen handelt es sich wahrscheinlich um durch ihren extremen Parasitismus reduzierte Formen, und ihre Ähnlichkeit beruht nicht auf einer besonders engen Verwandtschaft, sondern ist hervorgerufen durch die gleiche Lebensweise. Wir haben hier also eine Analogie, eine äußerliche Ähnlichkeit vor uns, im Gegensatz zu der Homologie, der inneren Gleichwertigkeit, die wir oben zwischen Astus und Basidie im Allgemeinen feststellten.

Auch zu den Plektaszineen gibt es eine Parallelgruppe unter den Basidiomyzeten, die **Plektobasidineen**. Wie dort die Schläuche sind hier die Basidien von rundlicher Form und in großer Zahl ganz regellos dem Fruchtkörperinnern eingelagert (Abb. 55 I). Das basidienführende Geflecht ist oft von sterilen Adern durchzogen und wird außen von einer Hülle umschlossen (Abb. 55 II). Hierher gehört z. B. der Kartoffelbovist, Scleroderma vulgare (Abb. 55), dessen knollige, mit Warzen bedeckte Fruchtkörper in unseren Wäldern halb unterirdisch wachsen. Er ist giftig, wenn er in größeren Mengen genossen wird. Trotzdem wird er vielfach zum Verfälschen der Trüffeln benutzt.

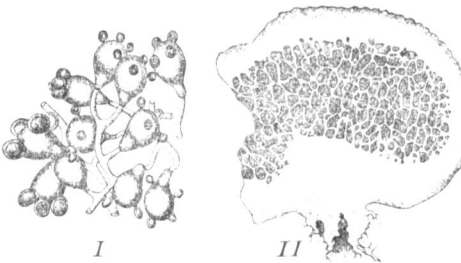

Abb. 5 Scleroderma vulgare. Nach Tulasne.

Ein anderer, hier unterzubringender Pilz zeigt uns einen neuen Typus der Sporenverbreitung. Es ist der Kugelschleuderer Sphaerobolus stellatus, dessen nur 2 mm große Fruchtkörper auf faulendem Holz vorkommen. Die runden Fruchtkörper reißen bei der Reife an der Spitze sternförmig auf (Abb. 56 a), so daß das kugelige Basidiengeflecht sichtbar wird. Sie liegt dann in einem von der dreischichtigen Hülle gebildeten Becher (Abb. 56 b). Plötzlich stülpt sich die innere Schicht der Hülle aus der äußeren mit großer Gewalt heraus und schleudert die kugelige Basidienmasse bis über einen Meter hoch empor (Abb. 56 c).

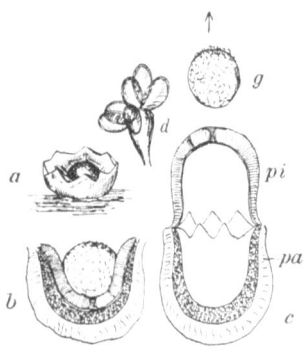

Abb. 56. Sphaerobolus crystallinus. a = Reifer Fruchtkörper von außen. b = Längsschnitt durch denselben. c = Auswerfen der Gleba (g), indem sich die innere Peridie (pi) aus der äußeren Peridie (pa) herausstülpt. d = Basidie mit Sporen. Nach Cotter und Fischer.

Auch bei den **Gasteromyzeten** sind die Basidien von einer festen Hülle umgeben, aber sie sind nicht mehr in ein Hyphengeflecht regellos eingebettet, sondern sie kleiden die Wände von zahlreichen kleinen Kammern aus. Im einzelnen zeigen die Gasteromyzeten ein höchst verschiedenartiges Aussehen, und man hat auch entwicklungsgeschichtlich nachweisen können, daß sie keine einheitliche Gruppe bilden. Wir können darauf hier nicht eingehen, sondern wollen nur einzelne wichtige Vertreter erwähnen.

Da sind zunächst die echten Boviste aus den Gattungen Lycoperdon und Bovista. Die Fruchtkörper wachsen im Gegensatz zum Kartoffelbovist von Anfang an oberirdisch und haben einen mehr oder weniger deut-

3. Basidiomycetes, Ständerpilze

lichen Stiel. Bei der Reife öffnen sie sich an der Spitze (Abb. 57 links) und entlassen ein schwärzliches Sporenpulver, das beim Zertreten als Wolke hervorpufft. Sehr auffällig ist der Riesenbovist, Lycoperdon Bovista, der 20—40 cm Durchmesser erreicht und bis zu 9 kg schwer gefunden worden ist. Er ist wie alle echten Boviste eßbar, solange die Sporen noch nicht ausgebildet sind, und das Innere infolgedessen noch weiß ist. Sehr häufig ist auch der Eierbovist, Bovista nigrescens, der in unseren Wäldern meistens herdenweise zusammensteht. Die beiden Gattungen Bovista und Lycoperdon unterscheiden sich nur dadurch, daß bei der letzten der untere Teil des Fruchtkörpers keine Sporen bildet.

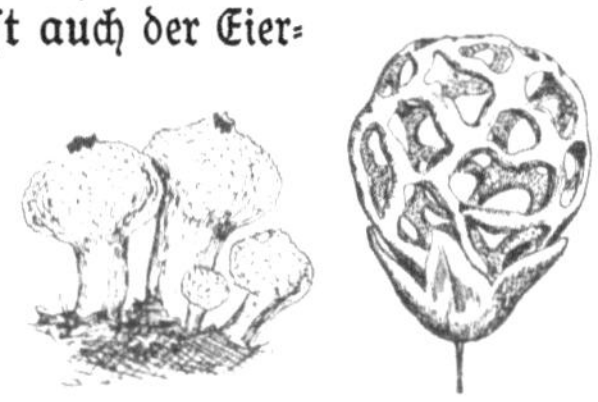

Abb. 57. Lycoperdon gemmatum und Clathrus. Nach Warming.

Ein ganz anderes Bild gewähren in ausgewachsenem Zustande die Nestpilze, von denen hier auf Concibulum vulgare, den Teuerling hingewiesen sei. Bei diesem sind die Basidienkammern abgeplattet und trennen sich bei der Reife als harte linsenförmige Körper voneinander, die in der becherförmig geöffneten Hülle wie die Eier in einem Nestchen liegen (Abb. 58). Der deutsche Name rührt daher, daß die flachen Basidienkammern auch gewisse Ähnlichkeit mit Geldstücken haben, und der Volksglaube ein häufiges Auftreten dieser „Geld"behälter für ein Anzeichen bevorstehender Teuerung hielt.

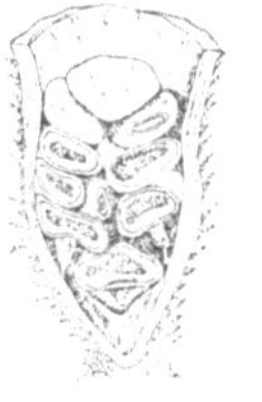

Schließlich gehören zu den Gasteromyzeten noch einige der merkwürdigsten Gestalten des ganzen Pilzreiches, die man wegen ihrer eigentümlichen Formen und auffallenden Farben häufig als Pilzblumen bezeichnet. Mit den Blumen teilen sie auch einen lebhaften Geruch, der aber keineswegs angenehm ist. Deshalb heißt der bekannteste ihrer Vertreter in unseren Gegenden, Phallus impudicus, auch die Stinkmorchel. Im jugendlichen Zustande ist der Pilz von einer Hülle umschlossen und eiförmig (Abb. 59 links), und diese „Teufels- oder Hexeneier", die noch ganz geruchlos sind, waren früher als Volksheilmittel beliebt, auch heute noch soll man Liebestränke aus ihnen brauen. Bei der Reife wird die Hülle gesprengt, und es wächst in wenigen Stunden ein 20—30 cm langer Stiel aus ihr heraus, der an seiner Spitze einen glockenförmigen Hut trägt (Abb. 59

Abb. 58. Concibulum vulgare, aufgeschnittener Fruchtkörper. Nach Tulasne.

rechts). Er ist außen, ähnlich wie die Morchel, von einer warzig= grubigen Fruchtschicht bedeckt. Sie hat eine olivgrüne Farbe und erzeugt einen bald dünnflüssig werdenden Schleim, der an dem Hute heruntertropft und einen durchdringenden Aasgeruch verbreitet. Dadurch werden Aasfliegen angelockt, die den Schleim begierig saugen, sich mit ihm besudeln und so die darin klebenden Sporen weiter verbreiten.

Sehr auffallend ist auch der im Mittelmeergebiete häufige Gitterpilz, Clathrus cancellatus. Er trägt innerhalb der Hülle ein gitterförmiges Gebilde, das sich nach dem Platzen der Hülle gewaltig dehnt. Es bildet dann ein rot gefärbtes hohlkugeliges Gitter, von dem die wie bei Phallus zerfließenden Basidien und Sporen herabtropfen (Abb. 57 rechts).

Den Höhepunkt ihrer Entwicklung erreichen die Basi= diomyzeten und wohl überhaupt das ganze Pilzreich in den **Hymenomyzeten**, den Hutpilzen, die ja allgemein bekannt und beliebt sind, weil ihre eleganten Gestalten und lebhaften Farben unsere herbstlichen Wälder aufs anmutigste beleben, und weil der größte Teil unserer Speise= wie unserer Giftpilze zu ihnen gehören.

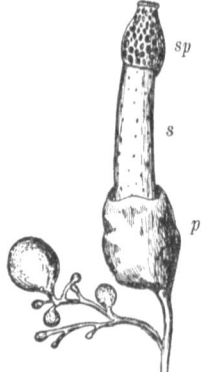

Abb. 59. Phallus im= pudicus. p = Peri= die, s = Stiel, sp = Sporenbildendes Gewebe. Nach Eichinger.

Die Basidien werden bei ihnen nicht im Innern angelegt und nicht durch Zerstörung des Fruchtkörpers frei, wie bei den Gasteromyzeten, sondern sie stehen von vornherein an der Oberfläche, von wo sie ihre Sporen selbsttätig fortschleudern. Der Frucht= körper selbst ist bei den einzelnen Familien sehr verschieden gestaltet. Wir können auch hier nur einzelne wichtige Typen herausgreifen. Da sind zunächst die Keulenpilze mit den Gattungen Cla= varia und Sparassis, den Ziegenbartarten. Die Fruchtkörper sind meist korallenförmig (Abb. 60) verästelt und an der Oberfläche von einer Basi= dienschicht überzogen. Es sind durchweg beliebte Speisepilze, von denen einzelne beträchtliche Größe erlangen, vor allem der krause Ziegenbart, Sparassis ramosa, der einem bleichen Kohlkopf ähnlich, 2—5 kg, ja bis 7 kg schwer wird.

Abb 60. Clavaria coral= loides. Nach Warming.

Die Keulenschwämme zeigen noch nichts von der Hutform. Diese taucht erst auf bei den Stachelpilzen, und auch bei diesen ist sie

3. Basidiomycetes, Ständerpilze

noch nicht immer typisch ausgebildet. Der abgebildete (Abb. 61) Ohrlöffel, Hydnum auriscalpinum, 3. B. hat seinen Namen daher, daß der Stiel ganz exzentrisch an einem Rand des Hutes sitzt. Der Name Stachelpilze rührt daher, daß die Basidien auf stacheligen oder warzenförmigen Vorsprüngen stehen (Abb. 61). Einige wichtige Speisepilze, wie der Stoppelpilz, Hydnum repandum, und der Habichtspilz, Hydnum imbricatum, gehören hierher.

Die Röhrenpilze sind gleichfalls von wechselnder Gestalt. Gemeinsam ist ihnen, daß die Fruchtschicht die Wandung von röhrenförmigen Vertiefungen überzieht, die sich an der Unterseite der Hüte befinden. Sehr bekannt sind die konsolenartigen Fruchtkörper, die von Vertretern der Gattungen Polyporus und Fomes an vielen unserer Wald- und Gartenbäume hervorgerufen werden. Sie sind immer das Zeichen einer schweren Erkrankung des Stammes. Der gefährlichste von ihnen ist Fomes igniarius, der unechte Feuerschwamm, der an verschiedenen Laubhölzern die Weißfäule des Holzes hervorruft. Der echte Feuerschwamm, Fomes fomentarius, ist hauptsächlich in Buchenwäldern gefürchtet, brachte aber wenigstens früher auch einen gewissen wirtschaftlichen Nutzen,

Abb. 61. Hydnum auriscalpinum auf einem Tannenzapfen wachsend. Oben Fruchtkörper längs geschnitten. Nach Warming.

weil man aus dem Gewebe seiner Fruchtkörper den Zunder gewann. Ein wichtiger Vertreter dieser Gruppe ist auch der Hausschwamm, Merulius lacrimans, von dessen Schädlichkeit wir schon früher gesprochen haben (S. 10). Lacrimans = der tränende heißt er, weil sein Mnzel Wasser in Tropfenform ausscheidet. Der Pilz hat sich so an das Wohnen in menschlichen Behausungen angepaßt, daß man ihn in der freien Natur fast gar nicht mehr antrifft. Hüte mit zentralem Stiel haben von den Röhrenpilzen nur die Boletus-Arten, zu denen unsere besten Speisepilze, wie der Steinpilz, B. edulis, der Birkenpilz, B. scaber, der Butterpilz, B. luteus, die Ziegenlippe, B. submentosus, und der Maronenpilz, B. badius, gehören, aber auch einer unserer stärksten Giftpilze, B. satanas, der Satanspilz, der aber glücklicherweise selten ist.

Schließlich kommen wir zu den Blätterpilzen, die an der Unterseite ihrer Hüte lamellenartige Vorsprünge tragen, welche von der Ansatzstelle des Hutes radial ausstrahlen (Abb. 62). Diese Lamellen

88 Die Pilze. II. Spezieller Teil

sind auf beiden Seiten von der Fruchtschicht überzogen. Wie die Basidien in dieser augeordnet sind, davon mag der in Abb. 63 gezeichnete horizontale Querschnitt eine Vorstellung geben. Ein Berühren der Basidien wird in diesem Falle durch den Wulst am Rande der Lamellen verhindert. Zwischen den Basidien stehen sterile Zellen, die Paraphysen (Abb. 64), die die Basidien stützen und ihre gegenseitige Berührung verhindern. Eine solche würde nämlich den feinen Mechanismus, der bei der Sporenausstreuung in Wirksamkeit tritt, stören. Der Amerikaner Buller hat diese Verhältnisse für eine Coprinus-Art sehr anziehend geschildert: Der Raum ist sehr gut ausgenutzt dadurch, daß kurze und

Abb. 62. Psalliota campestris, der Champignon. Nach Warming.

längere Basidien ziemlich regelmäßig abwechseln uud dabei so eng stehen, daß die Sporen der längeren die der kürzeren teilweise überschatten (Abb. 64). Wenn jetzt die kürzeren Basidien ihre Sporen vor den längeren abschießen würden, oder auch nur beide gleichzeitig, so müßten viele aufeinander treffen und durch ihre klebrige Oberfläche aneinander haften bleiben. Deshalb schleudern in einer bestimmten Region immer erst die längeren und dann die kürzeren Basidien ihre Sporen fort (Abb. 64). Kurz vorher tritt zwischen der Spore und dem Stielchen ein kleiner Flüssigkeitstropfen auf (Abb. 64), es ist aber noch ungeklärt, welche Bedeutung er beim Abschießen der Sporen hat.

Abb. 63. Horizontaler Schnitt durch drei Lamellen von Coprinus. Nach Buller.

Man kann bei den Blätterpilzen zwei Typen der Lamellenausbildung unterscheiden. Bei dem einen, den wir bei den meisten Gattungen antreffen, haben die Lamellen einen keilförmigen Querschnitt (Abb. 65 III) und die Eigentümlichkeit, daß sie sich immer senkrecht einstellen. Die Folge davon ist, daß jeder kleinste Teil ihrer Ober-

3. Basidiomycetes, Ständerpilze 89

fläche nach unten zu frei liegt (Abb. 65 III). Deshalb können an diesen Lamellen alle Basidiosporen ungefähr gleichzeitig oder jedenfalls in regelloser Folge abgeschleudert werden, ohne sich dabei gegenseitig zu behindern. Bei dem anderen Typus, den ausschließlich die artenreiche Gattung Coprinus repräsentiert, ist die Fruchtschicht nicht so orientiert, daß jeder Teil nach unten schaut. Das hat einen doppelten Grund: 1. sind die Lamellen nicht keilförmig im Querschnitt, 2. haben sie nicht die Eigentümlichkeit, sich immer senkrecht zu stellen, sondern sie behalten die Lage, die das zufällige Wachstum des Hutes ihnen gibt, also auch eine zur Vertikale schräg gerichtete (Abb. 65 I). Es ist klar, daß der größte Teil der Sporen solcher Lamellen nicht ins Freie gelangen könnte, wenn es nicht durch besondere Einrichtungen begünstigt würde.

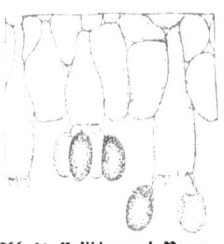

Abb. 64. Basidien und Paraphysen von Coprinus. Nach Buller.

Diese bestehen darin, daß einerseits die Sporen in einer ganz schmalen von unten nach oben fortschreitenden Zone reifen und befreit werden, und daß andererseits die sporenfreien Teile der Lamellen sofort nach der Ablösung der Sporen durch Selbstverdauung zerstört werden. Infolge dieser Selbstverdauung der sporenfreien Teile von unten nach oben ist die Zone der Abstoßung immer nahe und parallel der Lamellenkante gelegen, und die Sporen, welche von der oberen Seite der Lamelle losgelöst werden, können vom Fruchtkörper frei abfallen.

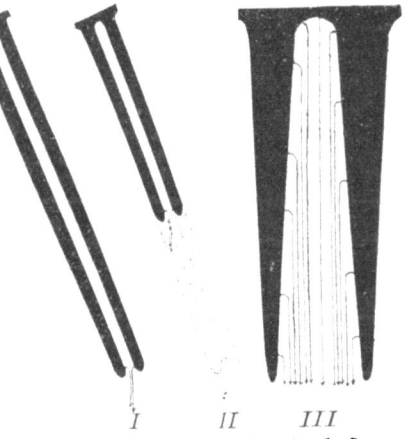

Abb. 65. Schematische Vertikalschnitte durch Lamellen von Coprinus (I und II) und Psalliota (III). Nach Buller.

Dies wird in der Abb. 65 I u. II für zwei um $20°$ geneigte Lamellen dargestellt. Abb. 65 I zeigt die beiden Lamellen bei Beginn und II in einem späteren Stadium der Sporenabstoßung, wo das verschwundene Stück durch punktierte Linien angedeutet wurde.

Die Pilze. II. Spezieller Teil

Äußerlich zeigt sich die Selbstverdauung in einer Verwandelung des Lamellenrandes in eine schwarze Flüssigkeit, die zum größten Teil verdunstet, manchmal aber auch als Tropfen herabfällt. Sie hat den Coprinus-Arten den Namen Tintenpilze gegeben.

Eine andere wichtige Gattung der Blätterpilze ist Psalliota, zu der die Champignonarten (Abb. 62) gehören, bekanntlich unsere wertvollsten Speisepilze, zugleich die einzigen, die sich bisher in künstlichen Kulturen erfolgreich haben züchten lassen. Die wichtigste Art ist Ps. campestris, der Feldchampignon. Sie sind leider leicht zu verwechseln mit den Amanita - Arten, den Knollenblätterpilzen,

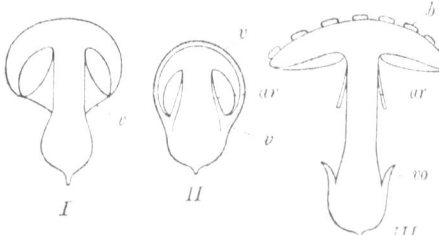

Abb. 66. Schematische Vertikalschnitte durch Hutpilze. Nach Ed. Fischer.

was schon zu vielen Todesfällen Veranlassung gegeben hat. Die gefährlichsten sind A. phalloides, der grüne und A. mappa, der gelbe Knollenblätterpilz. Eine sichere Unterscheidung beruht auf der Art und Weise, wie die jungen Fruchtkörper eingehüllt sind. Bei den Psalliota-Arten ist es nur ein zarter Schleier (Velum), der sich zwischen dem Hutrand und dem Stiel ausspannt (Abb. 66 I v), und der bei der Reife am Hutrand abreißt, so daß er am Stiel als Ring zurückbleibt (Abb. 62). Die jungen Amanita-Fruchtkörper sind dagegen von einer Hülle ganz umschlossen (Abb. 66 II v), die sich nach unten in eine knollige Verdickung der Stielbasis fortsetzt. Wenn sie dann bei der Streckung und Ausbreitung des Hutes zerreißt, so bleiben ihre Reste teils als Scheide an der verdickten Basis des Stiels (Volva, Abb. 66 III vo), teils in Form von Fetzen an der Oberfläche des Hutes (Abb. 66 III b) erhalten. Unter anderm kommen die weißen Flecken auf den roten Hüten des Fliegenpilzes, Amanita muscaria, auf diese Weise zustande. Unter dem Hute löst sich von der Stieloberfläche oft noch eine Haut ab (Abb. 66 II und III ar), die als sogenannte Manschette (armilla) am Stiele hängen bleibt. Von dieser Manschette hat Armillaria mellea, der Hallimasch, seinen Namen, dessen gelblich = braune, mit Schuppen bedeckte Hüte man oft in dichten Rasen an Baumstümpfen, aber auch an lebenden Stämmen findet. Er ist einer der gefürch=

testen Baumzerstörer. Eine Gattung, in der die Ähnlichkeit zwischen eßbaren und giftigen Arten sehr groß ist, sind auch die Täublinge, die Russula-Arten; so sind z. B. Russula vesca, der Speisetäubling, und R. emetica, der Speiteufel, sehr schwer zu unterscheiden.

III. Mykorrhiza.

Wir dürfen die eigentlichen Pilze nicht verlassen, ohne eine Erscheinung zu behandeln, die in unserer systematischen Darstellung des Pilzreiches nicht recht untergebracht werden konnte, weil es noch

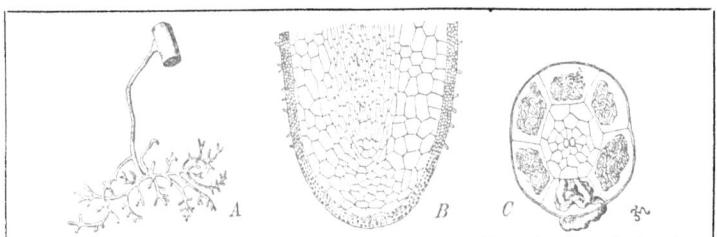

Abb. 67. A = Ektotrophe Mykorrhiza eines Waldbaumes. B = Spitze einer ektotrophen Mykorrhiza im Längsschnitt. C = Querschnitt durch eine endotrophe Mykorrhiza. Nach Frank.

nicht klar ist, in welche Gruppe die Pilze gehören, die sie hervorrufen. Es handelt sich um das Zusammenleben von Pilzhyphen mit den Wurzeln höherer Pflanzen, das mit dem Worte Mykorrhiza (mykēs gr. = Pilz, rhiza gr. = Wurzel) bezeichnet wird. Man unterscheidet eine endotrophe und eine ektotrophe Mykorrhiza. Die endotrophe (éndon gr. = innen, trophé gr. = Ernährung) Mykorrhiza trifft man besonders bei den Orchidazeen, den Erikazeen und den Pirolazeen. Bei diesen Familien finden sich in bestimmten Zellen der Wurzeln knäuelige Hyphenmassen, die auch ins Freie wachsen (Abb. 67 C). Zum Teil sind es Pflanzen ohne Blattgrün, wie die Rostwurz und der Fichtenspargel, und hier verschaffen die Pilze den Wirtspflanzen offenbar die im Erdboden vorhandenen organischen Substanzen und ermöglichen ihnen so eine heterotrophe Ernährung, wie sie selbst sie haben. Wir lernen hier also zum ersten Mal einen Fall kennen, wo das Verhältnis zwischen Pilz und Wirtspflanze kein feindliches wie beim Parasitismus ist, sondern ein durchaus freundschaftliches. Man nennt eine solche nützliche Lebensgemeinschaft eine

Symbiose (symbiosis gr. = Zusammenleben). Während also die Mykorrhizabildung bei den blattgrünlosen Pflanzen durchaus verständlich ist, ist es vorläufig noch sehr dunkel, weshalb auch sehr viele grüne Pflanzen mit ihr ausgerüstet sind, nämlich die meisten Orchidazeen, die Erikazeen und fast alle unsere Waldbäume. Bei diesen ist die ektotrophe (ectós gr. = außerhalb) Mykorrhiza ganz außerordentlich verbreitet. Der Pilz dringt bei dieser Form nicht in die Zellen selbst ein, sondern umgibt nur die Wurzeln mit einem dichten Mantel (Abb. 67 B). Da bei den betreffenden Bäumen, wie übrigens bei allen Mykorrhizapflanzen, die Wurzelhaare fehlen, die sonst Wasser und Nährstoffe aus dem Boden aufnehmen und der Wurzel zuführen, so wird man in der ektotrophen Mykorrhiza einen Ersatz dieser Wurzelhaare sehen müssen. Es ist aber noch wenig geklärt, weshalb die Bäume diese Organe aufgegeben haben und dafür die Symbiose mit den Pilzhyphen eingegangen sind.

Die Flechten.

1. Vergleich zwischen Pilzen und Flechten.

Als wir in der Einleitung die Pilze als diejenigen pflanzlichen Organismen bezeichneten, die des Blattgrüns entbehren, mußten wir unter den Ausnahmen von dieser Regel die Flechten nennen. Sie enthalten tatsächlich Blattgrün und sind doch echte Pilze. Dieser Widerspruch löst sich, wenn wir erfahren, daß das Blattgrün der Flechten gar nicht dem Pilze angehört, sondern kleinen einzelligen Algen, die in dem Körper der Flechtenpilze leben. Danach scheint es eigentlich folgerichtig, die Flechten gar nicht als besondere Gruppe bestehen zu lassen, sondern ihre Gattungen und Familien jenen Gruppen der Pilze anzugliedern, mit denen sie am besten übereinstimmen. Ganz wie man in der Tierwelt z. B. Hydra viridis und Hydra grisea nicht trennt, obwohl die eine regelmäßig in Symbiose mit Algen lebt und die andere nicht. Während aber die beiden Hydren sich in ihrem Bau, wenn man von den Algen der einen absieht, gar nicht unterscheiden, sind die Flechtenpilze durch das Zusammenleben mit den Algen derart verändert worden, daß man sie lange Zeit als eine den Pilzen vollständig gleichwertige Pflanzengruppe betrachtete. Die in

Vergleich zwischen Pilzen und Flechten

ihrem Innern vorhandenen grünen Zellen wurden für eigentümliche Organe der Flechten gehalten, deren Ähnlichkeit mit manchen freilebenden einzelligen Algen zwar schon oft aufgefallen war, die man aber doch nicht für selbständige Organismen hielt. Erst im Jahre 1868 gelangte Schwendener auf Grund eingehender anatomischer Untersuchungen zu der richtigen Vorstellung. Seitdem muß man die Flechten korrekterweise als „flechtenbildende Pilze" bezeichnen. Trotzdem sprechen gewichtige Gründe dafür, die Flechten von den Pilzen zu trennen. Denn die Folge ihres Zusammenlebens mit den Algen ist, daß sie nicht auf die organischen Nährstoffquellen ihres Substrates angewiesen sind wie die echten Pilze (S. 6). Sie können die von dem Blattgrün der Algen erzeugten Nährstoffe verwenden, müssen aber andererseits den Algen das für die Assimilation der Kohlensäure nötige Licht zur Verfügung stellen. Deshalb findet man die Flechten immer an hellen, einen reichlichen Lichtgenuß bietenden Lagen, während die Pilze das Licht vielfach ganz entbehren können. Aus demselben Grunde müssen die Flechten ihren oberirdischen Vegetationskörper stark entwickeln, um den in ihm wohnenden Algen Platz zu verschaffen, während er bei den Pilzen ganz reduziert ist. Die veränderte Lebensweise bewirkt also eine ganz andere Gestaltung. Sie bedingt weiter die Ausbildung einer Anzahl ganz spezifischer Flechtenorgane, die nirgends bei den Pilzen gefunden werden. Unter diesen Umständen erscheint es wohl praktisch, auch heute noch die Flechten als eine besondere Gruppe zu behandeln. Man muß sich dabei nur dessen bewußt bleiben, daß es eine Gruppe ist, die ihre gemeinsamen Eigentümlichkeiten ihrer Lebensweise, nämlich ihrem Zusammenleben mit Algen, verdanken, und nicht einer nahen Verwandschaft untereinander. Zwar stammen sie alle von Pilzen ab, aber sie sind nicht an einer bestimmten Stelle des Pilzreiches entstanden, sondern eine ganze Reihe von Pilzfamilien sind selbständig und getrennt voneinander ein Zusammenleben mit Algen eingegangen. Dazu sind es auch noch eine ganze Anzahl verschiedener Algen, die in diese Lebensgemeinschaft einbezogen sind. Darauf beruht die reizvolle Mannigfaltigkeit des Flechtenreiches, die von jeher viele Liebhaber zum Sammeln dieser Pflanzen angeregt hat.

2. Die Komponenten.

Zu der Frage, was es für Pilze und Algen sind, die sich in den Flechten zu neuartigen Doppelorganismen vereinigen, können wir sagen, daß die Flechtenpilze fast ausschließlich Askomyzeten sind; man kennt nur ganz wenige tropische Flechten, in denen ein Basidiomyzet in die Lebensgemeinschaft eintritt, und Flechten mit Phykomyzeten als pilzlichen Komponenten sind überhaupt nicht bekannt. Da die Doppelorganismen als solche eine stammesgeschichtliche Entwicklung durchgemacht haben, so läßt sich heute bei den meisten unmöglich sagen, von welchen Familien der Askomyzeten sie im einzelnen herstammen, nur bei einigen wenig entwickelten krustenförmigen Flechtenfamilien kann man erkennen, daß der Pilzteil den Patellariazeen, den Hysteriazeen oder den Xylariazeen angehört. Besser kann man den Algenanteil auf die entsprechenden frei lebenden Familien zurückführen. Die Mehrzahl der Flechten, darunter alle höheren Formen, enthält einzellige grüne Algen aus der Familie der Protococcazeen. Geringer ist die Zahl derjenigen Pilze, die sich mit den verzweigten Zellfäden der Chroolepidazeen — gleichfalls Grünalgen — vereinigt haben. Es gibt auch viele Flechten, die sich mit Cyanophyzeen, also Spaltalgen mit blaugrünem Inhalt, vereinigt finden. Von diesen spielen aber nur die rosenkranzförmigen Zellreihen der Nostocazeen eine größere Rolle.

3. Aufbau und Wachstum des Flechtenthallus.

Die genannten Pilze und Algen können nun in ganz verschieden enge Beziehungen zu einander treten. Es gibt Pilze, die im allgemeinen selbständig leben und nur gelegentlich sich mit Algen verbinden, die sogenannten Halbflechten. Bei anderen wieder finden wir zwar regelmäßig Algen, aber die Verbindung ist eine außerordentlich lockere. Ein gutes Beispiel dafür ist die kleine Flechte Thelidium minutulum, die deshalb von besonderem Interesse ist, weil sie uns den Weg zeigt, den Algen und Pilze einschlugen, um in gemeinsamer Arbeit den höher entwickelten Flechtenkörper aufzubauen. Die Hyphen des Pilzes wuchern auf und in Lehmboden, können sich aber nur entwickeln, wenn sie auf ihrem Substrat Pleurococcus-Algen finden. Diese werden dann von den zarten Hyphen umsponnen, ohne aber dadurch in ihrer Entwicklung behindert zu

3. Aufbau und Wachstum des Flechtenthallus

werden. Sie wachsen und teilen sich weiter, so daß man dann zwischen den ganz algenfreien Fruchtkörpern des Pilzes die kleinen Algenpaketchen findet, die mit ihnen durch die Hyphen in Verbindung stehen (Abb. 68). Zu einem regelrechten Flechtenthallus (thallós gr. = Schößling) bringt es also Thelidium noch nicht, die Form des Doppelorganismus ist ganz von der zufälligen Lage der Alge abhängig. Den Eindruck einer zufälligen Vereinigung macht auch noch eine in Brasilien häufige Flechte, Coenogonium confervoides, die aus einer Fadenalge besteht, die von Pilzhyphen umsponnen ist (Abb. 69).

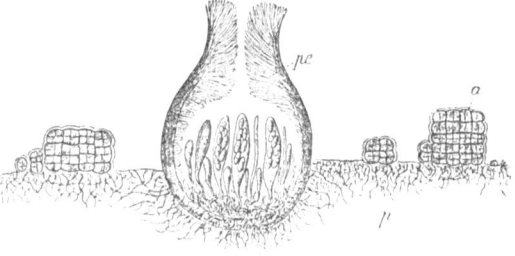

Abb. 68. Thelidium minutulum. a = Alge, p = Pilz, pe = Perithezium. Nach Stahl.

Das führt hinüber zu dem sogenannten homoiomeren Flechtenthallus (homoíos gr. = gleichartig und méros gr. = Teil), den hauptsächlich die Familie der Collemataseen zeigt. Bei ihm sind Pilz und Alge weit enger verkettet als in den vorigen Fällen, aber sie durchdringen sich noch ziemlich regellos. Auf einem Schnitt durch eine solche Flechte (Abb. 70) findet man gewöhnlich die Algen (im abgebildeten Fall die Gattung Nostoc) und auch die Hyphen an der Oberfläche etwas näher zusammengedrängt. Der übrige Thallus ist gleichmäßig von den mit einer dicken durchsichtigen Gallertscheide umgebenen Nostoc-Schnüren und den zarten Pilzhyphen erfüllt. Unten (in Abb. 70 nicht mehr mit abgebildet) treten die Elemente ähnlich wie an der Oberfläche dichter zusammen.

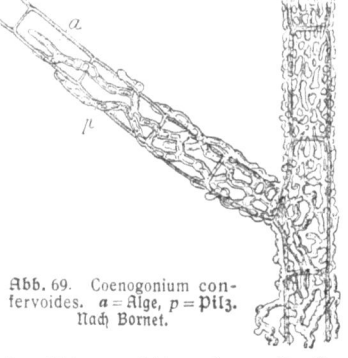

Abb. 69. Coenogonium confervoides. a = Alge, p = Pilz. Nach Bornet.

Erst bei den höheren Formen ist dann derjenige Typus erreicht, den wir als den heteromeren (héteros gr. = anders), man kann

96 Die Flechten

wohl sagen den typischen Flechtenthallus kennen. An einem Schnitt durch ihn (Abb. 71) liegen von oben nach unten folgende Schichten. Eine Oberrinde (*or*), die aus eng verflochtenen und durch eine Zwischensubstanz verkitteten Hyphen besteht. Darunter liegt eine Algenschicht (*a*), an die sich das lockere Markgewebe (*m*) anschließt. Unten wird der Thallus wieder durch eine Rindenschicht (*ur*) begrenzt,

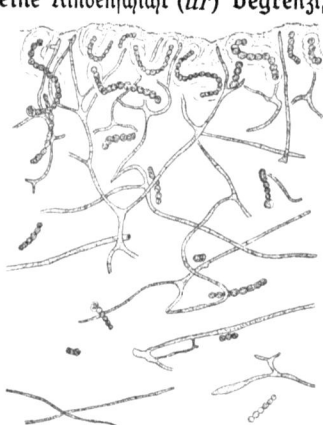
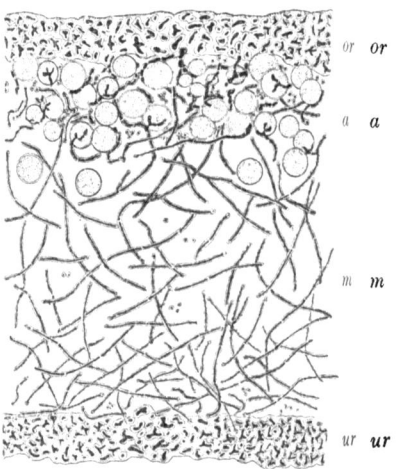

Abb. 70. Schnitt durch den oberen Teil einer Collema. Nach Nienburg.

Abb. 71. Schnitt durch den Thallus von Parmelia Acetabulum. Nach Nienburg.

die häufig durch Rhizinen (rhiza gr. = Wurzel), Hyphenstränge, die sich unten pinselartig verbreitern, an der Unterlage befestigt ist.

Das Wachstum des heteromeren Thallus wird vollständig von den Pilzhyphen beherrscht, es ist hauptsächlich interkalar, d. h. die neuen Elemente werden zwischen den vorhandenen eingeschoben (intercalare lat. = einschalten). Das Spitzenwachstum spielt nur bei denjenigen Flechten eine größere Rolle, die ihrer ganzen Ausdehnung nach der Unterlage fest angeschmiegt sind, so daß sie ihren Körper nicht durch eingeschobene Elemente vergrößern können. Der wachsende Rand dieser Flechten ist gewöhnlich noch frei von Algen und umgibt als weißer (Pertusaria) oder schwarzer (Lecidea) Saum die Flechte. Das ist das Vorlager oder Prothallus, das morphologisch dem aus der keimenden Spore entstandenen Hyphengewebe entspricht.

3. Aufbau und Wachstum des Flechtenthallus

Dies letztere wird, solange es noch nicht mit Algen in Berührung getreten ist, Protothallus (prōtos gr. = erste) genannt. Im Anschluß daran mag noch erwähnt sein, daß diejenigen algenlosen Thallusteile, die in das Substrat eindringen, als Hypothallus (hypó gr. = unten) bezeichnet werden. Auch das Dickenwachstum erfolgt interkalar, wobei sich in die Rindenschicht neue Elemente einschieben, während die alten außen sterben und allmählich abgestoßen werden.

Beim homoiomeren Thallus wird das Wachstum im allgemeinen von der Alge bestimmt. Besonders auffällig ist das bei Ephebe pubescens, wo die blaugrüne Fadenalge Sirosiphon den Hyphen immer schon etwas voraus ist, so daß ihr Scheitel und manchmal ganze Äste vom Pilz völlig frei sind (Abb. 72) und die Basidiolichene Dictyonema, von der wir unten berichten.

Im allgemeinen wachsen die Flechtenpilze nur dann weiter, wenn sie bestimmte Algenformen treffen, auf die sie nun einmal angewiesen sind. Es kommt aber auch vor, daß ein Pilz sich mit mehreren Algen vereinigt. Das klassische Beispiel hierfür hat Möller geliefert, indem er nachwies, daß die früher systematisch weit getrennten Basidiolichenen Cora und Dictyonema vom einem Pilz, einer Thelephora, gebildet werden. Welche von den Flechten entsteht, hängt ab von den Algen, mit denen sich der Pilz vereinigt. Mit Chroococcus bildet er Cora, mit Scytonema die Gattung Dictyonema. Ein einzelnes Individuum der Thelephora kann gleichzeitig mit den beiden Algen in Symbiose treten und daneben noch partiell farblos bleiben. Welche Wuchsform zur Ausbildung kommt, hängt sonach von den Algenfäden ab: „Sie führen mit dem Pilz einen Kampf um den formbestimmenden Einfluß auf das Gesamtwesen, und je nach den äußeren Umständen sind sie in diesem Kampfe Sieger oder Unterliegende. Handelt es sich um freie Ausbildung in der Luft, so ist der Pilz unbestrittener Herrscher, geht aber die Flechte auf feste Unterlage über, so gewinnen die Algen die Oberhand, sie bestimmen die Formausbildung allein und der Pilz wird ihr folgsamer Begleiter."

Bei den Askolichenen kommt ähnliches vor. Es handelt sich dabei immer um Flechten, die hauptsächlich Chlorophyzeen aber gelegent=

Abb. 72. Ephebe pubescens.

lich oder auch regelmäßig kleinere Mengen von Cyanophyzeen ein-
schließen. Diese sind entweder in das Gewebe eingesenkt oder ragen
köpfchenförmig hervor, woher ihr Name Kephalodien (kephalé gr.
= Kopf) rührt. Diese leichte Anpassungsfähigkeit der betreffenden
Pilze an verschiedene Algen ist gegenüber der sonstigen strengen Spe=
zialisierung der Askolichenen auffällig, wird aber verständlich, wenn
man hört, daß besonders diejenigen Gattungen zur Kephalodien=
bildung neigen, von denen man Parallelformen mit chlorophyll=
grünen und blaugrünen Algen kennt, wie z. B. Peltigera und Sticta.
Physiologisch könnten die Kephalodien insofern wertvoll sein, als sie
mit ihren blaugrünen Algen vielleicht Teile des Spektrums für die
Assimilation ausnützen können, die für die grünen Algen nicht mehr
in Betracht kommen. Da die Kephalodien tragenden Flechten zu den
wenigen Formen gehören, die auch an schattigen Orten vorkommen,
so wäre der Nutzen der Doppelsymbiose um so einleuchtender.

Klarer zu übersehen sind im allgemeinen die Fälle, wo zwei
Pilze mit einer Algenart den Flechtenthallus bilden. Es gibt da
zwei Möglichkeiten, entweder die beiden Pilze nutzen gleichzeitig die
Algen aus: Parasymbiose (pará gr. = neben) oder nacheinander:
Allelositismus (allelon gr. = einer nach dem andern). Bei der Para=
symbiose siedelt sich auf einer voll entwickelten Flechte ein neuer Pilz
an, z. B. Rhymboricarpus punctiformis auf Rhizocarpon geographicum. Der neue Symbiont umspinnt neben dem ursprünglichen
Pilz die Algen, ohne die Flechte wesentlich zu schädigen. Wenn der
zweite Pilz den ersten dagegen abtötet, um dann dessen Algen zu
adoptieren, so spricht man von Allelositismus.

4. Die Beziehungen zwischen Hyphen und Algen.

Nachdem wir somit den Aufbau des Flechtenthallus in groben
Zügen kennen gelernt haben, müssen wir der Frage näher treten,
welche Beziehungen zwischen den Hyphen und Algen im einzelnen
bestehen und wie die Symbiose der beiden Organismen physiologisch
aufzufassen ist.

Daß von den Algen gewisse chemische Reize auf die Hyphen aus=
geübt werden, zeigt sich am besten, wenn keimende Flechtensporen
auf Algen von der ihnen eigentümlichen Art treffen. Fast in dem
Moment, in dem sie mit den Algen in Berührung kommen, bilden
sie kurze Ausstülpungen, welche wie Korallen um die Algen herum=

4. Die Beziehungen zwischen Hyphen und Algen

greifen (Abb. 73). Diese ihrerseits reagieren ebenfalls auf die Berührung, indem sie sich vielfach erheblich vergrößern, sodaß oft ein auffallender Unterschied zwischen den berührten und den unberührten Algen nachweisbar ist. Die einfachste Erklärung für diese enge Verbindung der Hyphen und Algen wäre, daß der Pilz auf den Algen parasitiert. Tatsächlich gibt es auch eine Reihe von Tatsachen, die für diese Auffassung sprechen. So findet man bei manchen Flechten, daß die Pilzhyphen deutliche Haustorien in die Algen getrieben

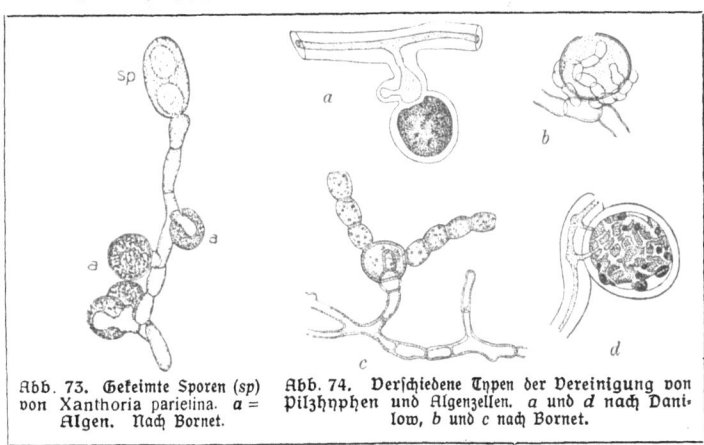

Abb. 73. Gekeimte Sporen (sp) von Xanthoria parietina. a = Algen. Nach Bornet.

Abb. 74. Verschiedene Typen der Vereinigung von Pilzhyphen und Algenzellen. a und d nach Danilow, b und c nach Bornet.

haben (Abb. 74 c und d). Außerdem lassen sich in fast allen Flechten eine größere Menge abgestorbener Algen nachweisen. Andere Tatsachen aber zeigen, daß das Verhältnis zwischen den beiden Komponenten doch nicht so einfach zu deuten ist. Z. B. gibt es viele Flechten, bei denen Hyphen und Algen anscheinend unabhängig durcheinander wuchern (Abb. 70). Aber auch bei den Flechten, bei denen Algen und Hyphen in einem festen Verbande stehen (Abb. 71), findet man Haustorien verhältnismäßig selten. Meistens legen sich die Hyphen nur eng an die Algen, entweder indem sich das Hyphenende mit einer knopfförmigen Verbreiterung an die Alge anpreßt (Abb. 74 a), oder indem die Alge von mehreren kleinen Zweigen umklammert wird, wie ein Ball von den Fingern der Hand (Abb. 74 b). Die Algen machen auch meistens einen ganz gesunden Eindruck. Sie haben, auch wenn sie in engster Verbindung mit den Hyphen stehen

100   Die Flechten

(Abb. 69), eine freudiggrüne Farbe, wachsen und teilen sich nicht anders als in der Freiheit. Dazu kommen noch Beobachtungen, aus denen man schließen kann, daß sie von den Hyphen direkt gefördert und gehegt werden. So gibt es, wie wir schon oben erwähnten (S. 96), eine Reihe krustenförmig wachsender Flechten, die immer mit einem weißen Rand umgeben sind, der aus den radial nach außen wachsenden Hyphen besteht. Dieser Rand (Abb. 75 a) ist ursprünglich frei von Algen und er wird erst allmählich in der Weise besiedelt, daß die Hyphen aus dem Zentrum des Thallus Algen durch

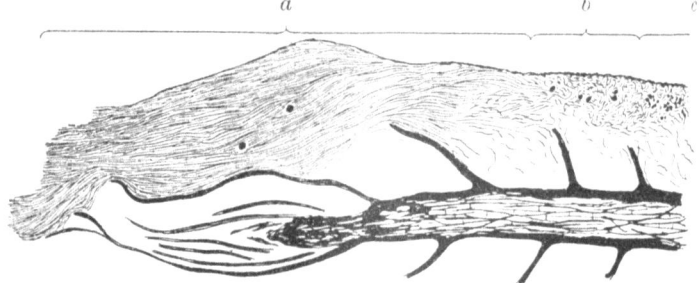

Abb. 75. Schnitt durch den Thallusrand von Pertusaria. Nach Nienburg.

besondere Schiebehyphen herbeischleppen. Das geht so vor sich, daß einzelne von den im Innern in Ruhe liegenden Algen (Abb. 75 c und 76 a) gepackt (Abb. 76 b) und durch ein Bündel von Hyphen, die sich an ihrer Hinterseite zusammendrängen, in den algenfreien Rand geschoben werden (Abb. 76 c u. 75 a), wo sie sich dann wieder teilen und vermehren. Der Pilz hat also besondere Organe, die Schiebehyphen, ausgebildet, um die Algen an die gewünschte Stelle zu transportieren, und bei dieser engen Berührung mit den Hyphen werden die Algen nicht etwa geschädigt, sondern im Gegenteil größer und kräftiger. Man braucht nur die ruhenden (Abb. 76 a) und die fortgeschobenen Algen (Abb. 76 b, c) zu vergleichen, um das bestätigt zu finden. Erst in den älteren Teilen des Thallus findet man dann auch geschädigte und abgestorbene Algen. Die Flechten haben in diesen und ähnlichen Fällen nicht nur zur Vernichtung, sondern auch zur Förderung und Pflege der Algen Einrichtungen getroffen. Ihr Parasitismus ist von ganz besonderer, man möchte sagen, raffinierter Art: der Flechtenpilz gleicht einem klugen Herrn, der seine

4. Die Beziehungen zwischen Hyphen und Algen   101

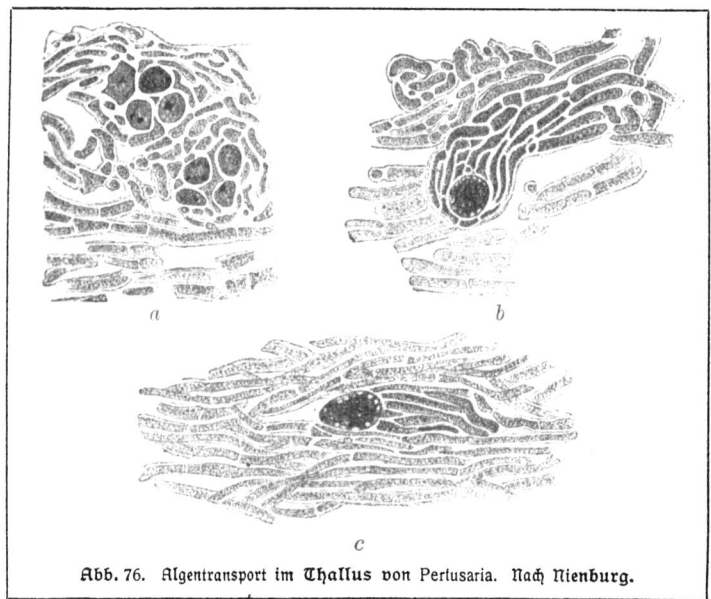

Abb. 76. Algentransport im Thallus von Pertusaria. Nach Nienburg.

Sklaven — die Algen — gut füttert, damit er sie dann um so besser ausnutzen kann. Deshalb wird man das Verhältnis zwischen Algen und Pilz im Flechtenthallus als Helotismus (Heloten = Hörige der Spartaner) bezeichnen, dadurch scheint am besten ausgedrückt, wie fein die Beziehungen zwischen den beiden Komponenten abgestimmt sind.

5. Die Vegetationsorgane.

Die Notwendigkeit, den Algen möglichst gute Lebensbedingungen zu schaffen, um auf diese Weise wieder möglichst viel von ihren Assimilationsprodukten zu erhalten, hat die Flechtenpilze gezwungen, ihre Vegetationsorgane in ganz anderer Weise auszugestalten, als es die echten Pilze tun. Während es bei diesen in der Hauptsache aus einem das Substrat weithin durchziehenden wurzelartigen Mnzel besteht, haben die Flechten nur ganz geringfügige Wurzelorgane, die fast nur zur Anheftung dienen und kaum in das Substrat eindringen. Denn während die Pilze alle ihre Nährstoffe aus dem Boden holen müssen, werden den Flechten der größte Teil davon durch ihre Symbionten geliefert. Dagegen ist der oberirdische Thallus, der bei den Pilzen nur als Träger der Fruchtkörper eine Rolle spielt, in Anpassung an das Lichtleben stark ausgebildet. In mannigfacher Weise ist dafür gesorgt, daß die im Thallus enthaltenen Algen, welche stets nahe der Oberfläche liegen (Abb. 71a), ihre assimilatorische Tätigkeit in ausgiebigem Maße vollziehen können.

Man unterscheidet nach der Form des Thallus 1. Krusten-, 2. Blatt-, 3. Strauchflechten. Die Krustenflechten können für eine große Anzahl Algen nur in der Weise Platz gewinnen, daß sie sich auf ihrem Substrat soweit wie möglich radial ausbreiten. Man findet deshalb z. B. von der Pertusaria, deren Rand in Abb. 75 wiedergegeben ist, auf alten Baumstämmen häufig handgroße und noch umfangreichere Thalli, die durch ihre graugrüne Farbe und ihren besonders bei nassem Wetter auffallenden weißen Rand leicht kenntlich sind. Sie schmiegen sich jeder Unebenheit des Substrates an, sodaß man die Form der Baumrinde darunter noch deutlich erkennen kann. Ähnlich große Flecken von grüngelber Farbe, die von schwarzen Linien durchzogen sind, bildet auf Steinen aller unserer Gebirge Rhizocarpon geographicum, die Landkartenflechte. Die schwarzen Linien, die ihr den Namen gegeben haben, entstehen dort, wo zwei aufeinander zu wachsende Thalli derselben Art aufeinander gestoßen sind, die dadurch beide zum Stillstand kommen und sich nicht etwa miteinander vereinigen, sondern eine schwarze Grenzzone toten Gewebes zwischen sich bilden. Wenn dagegen Thalli verschienener Art aufeinandertreffen, dann überwuchert die schneller wachsende Art die andere und tötet sie bald ab. Außer solchen auffälligen Formen gibt es aber auch viele ganz unscheinbare Krustenflechten. Eine solche, Thelidium minutulum, die auf Erde wächst, lernten wir schon kennen (Abb. 68). Andere, wie die Graphidazeen, die Schriftflechten, wachsen in der Rinde von Bäumen und stecken nur ihre, altertümlichen Schriftzeichen gleichenden Fruchtkörper heraus. Auch unter den Steinflechten gibt es solche, von denen nur die Fruchtkörper an die Oberfläche treten. Wir werden auf die eigentümlichen Lebenserscheinungen dieser Flechten noch zurückkommen.

In der weiteren Ausgestaltung der Flechten tritt nun die Tendenz hervor, sich von der Unterlage loszulösen und damit ihre Algen in eine noch günstigere Lichtlage zu bringen. Dieses wird auf zwei

5. Die Vegetationsorgane

Wegen erreicht, die zur Entwicklung der Blatt= oder Laubflechten einerseits und der Strauchflechten andererseits geführt haben. Den Übergang von den Krustenflechten zu den Blattflechten vermitteln solche Formen, die zwar ganz an der Unterlage festgewachsen sind, aber außerdem noch aufstrebende kleine Schuppen tragen, um einer größeren Menge Algen Platz zu verschaffen. Die hauptsächlich auf Steinen und Dachziegeln wachsende Gattung Placodium ist dafür ein gutes Beispiel. Bei stärkerer Ausbildung dieser Tendenz, wie sie die Gattung Parmelia und Physcia in typischer Ausbildung zeigen, bilden die Blattflechten einen kreisförmigen Thallus, der aus lauter gewellten, sich teilweise überdeckenden und aufstrebenden Lappen besteht (Abb. 77). Sie sind an der Oberseite besonders in feuchtem Zustande gewöhnlich grünlich wegen der durchschimmernden Algen und unten farblos oder dunkel

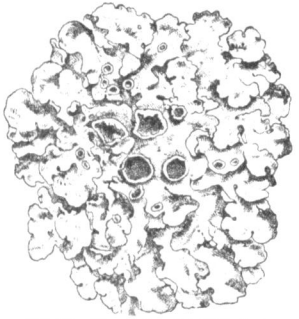

Abb. 77. Parmelia Acetabulum. Nach Reinke.

gefärbt. Bei einzelnen Formen ist aber auch die Oberseite durch eingelagerte Farbstoffe lebhaft gefärbt, wie die weit verbreitete Xanthoria parietina, die gelbe Wandflechte. An dem Substrat pflegen die Blattflechten nur ganz locker durch Rhizinen befestigt zu sein. Dem Bedürfnis, möglichst viele Algen unterzubringen, wird häufig noch dadurch Rechnung getragen, daß an der Oberfläche warzen= oder korallenförmige Auswüchse entstehen, die sogenannten Isidien. An besonderen Eigentümlichkeiten des blattförmigen Flechtenthallus wären dann noch die Atemporen zu erwähnen, offene Stellen der Unter= oder Oberrinde, die gewöhnlich auf kaminartigen Erhöhungen sitzen und durch die der für die Assimilation der Algen so wichtige Gasaustausch mit der Außenluft erfolgen kann. Sie haben also dieselbe Funktion wie die Spaltöffnungen der höheren Pflanzen.

Die Strauchflechten sind durch alle Übergänge mit den vorgenannten verbunden. Durch Vergrößerung und Aufrichtung der Lappen entstehen hirschgeweihartige Körper, z. B. bei Evernia (Abb. 78). Diese haben noch Ober= und Unterseite. Bei Cetraria finden sich häufig senkrechte, radiär ausgebildete Thalluslappen; endlich vollkommen radiär in ihrer äußeren Form wie auch in ihrem inneren

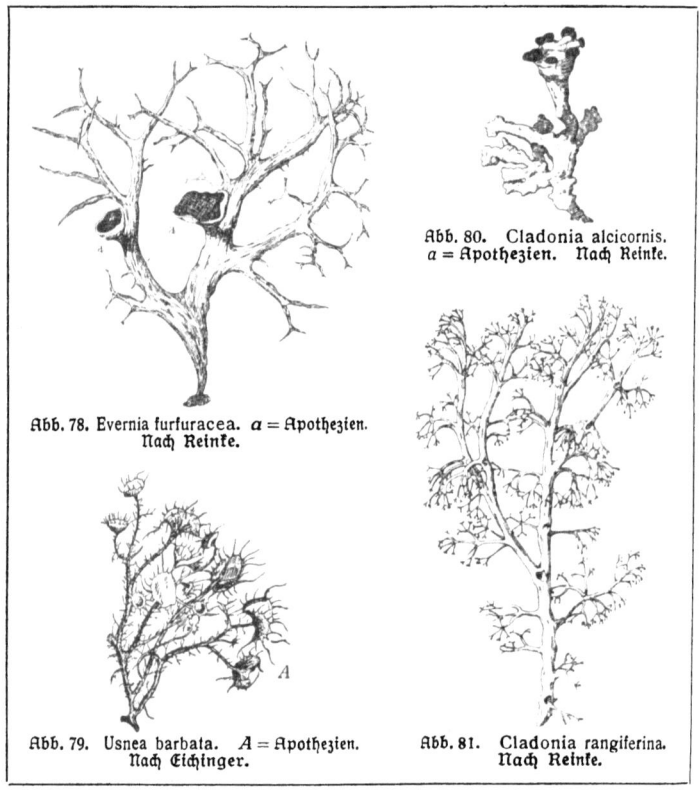

Abb. 78. Evernia furfuracea. a = Apothezien. Nach Reinke.

Abb. 79. Usnea barbata. A = Apothezien. Nach Eichinger.

Abb. 80. Cladonia alcicornis. a = Apothezien. Nach Reinke.

Abb. 81. Cladonia rangiferina. Nach Reinke.

Bau sind die höchst entwickelten Strauchformen, wie die Bartflechte Usnea barbata (Abb. 79). Ihre Algenschicht wird mantelartig an die Peripherie der gerundeten Triebe verlagert, wo sie von einer festen Rinde überdeckt sind. Die gesamte Oberfläche ist also der Assimilation dienstbar gemacht. Alle Strauchformen sind nur mit einer relativ kleinen Haftscheibe am Substrat befestigt (Abb. 79). Eine besondere Stellung nehmen die Cladonia-Arten ein; die niedersten Arten der Gattung bilden blattflechtenartige Thalli, von ihnen erheben sich kurze Stiele oder Becher (Abb. 80), die den Namen Podetien (Lagerstiele) führen und an ihrem Rande die Fortpflanzungs=

organe (Apothezien) tragen. Bei den höher stehenden Vertretern der Gattung Cladonia, z. B. bei Cladonia rangiferina, der bekannten Renntierflechte, sind die Podetien reich verzweigt, fast alle Zweigspitzen tragen die kleinen dunkelbraunen, fast schwarzen Fortpflanzungsorgane (Abb. 81).

Die Ausbildung der reichverzweigten Sprosse bzw. Podetien stellt nun aber ganz besondere Anforderungen an ihre **mechanische Leistungsfähigkeit**. Die aufrechten Lagerstiele müssen biegungsfest gebaut sein, was meistens durch hohlzylindrische Gestalt des Thallus erreicht wird (Cladonia). Diejenigen Strauchflechten, die nicht radiär gebaut sind, erreichen eine biegungsfeste Konstruktion durch starke Hyphenstränge, die sich von innen pfeilerartig an die Rinde legen (Ramalina). Die hängenden Formen der Bartflechte sind zugfest gebaut, in der Mitte ihres radiären Thallus verläuft ein dicker Hyphenstrang, der ziemlich bedeutende Gewichte tragen kann. Die Laubflechten werden im allgemeinen wenig mechanisch beansprucht, nur die ganz großlappigen Formen müssen vor dem Einknicken oder Zusammenrollen geschützt werden. In dieser Beziehung bemerkenswert sind die Thalli von Umbilicaria und von Sticta, deren große Flächen durch Ausbildung von vielen Falten und Pusteln — dem Prinzip des Wellblechdaches entsprechend — eine gewisse Steifigkeit bekommen.

6. Die Fortpflanzungsorgane.

Wir wenden uns jetzt zu den Fortpflanzungsorganen und betrachten zunächst die **Schlauchfrüchte**. Diese haben die Flechten von den Askomyzeten übernommen und vielfach überhaupt nicht weiter verändert, so daß in nicht wenigen Flechtengruppen reine Disko- oder Pyrenomyzetenfrüchte zum Vorschein kommen, wie eine solche z. B. in Abb. 68 wiedergegeben ist. Die meisten Blatt-, wie auch viele Strauch- und Krustenflechten haben aber eine Fruchtform erworben, welche sich durch Anwesenheit von Algen in ihrer Wandung auszeichnet (Abb. 82). Diese Apothezien mit Thallusrand zeigen auf einem Schnitte, der senkrecht zur Fruchtscheibe geführt ist, von innen nach außen folgende Teile (Abb. 82): Die Schlauchschicht oder Thezium (t); diese besteht aus keulenförmigen Sporenschläuchen, den Asken (s), die in der Regel acht ziemlich große, manchmal aber auch viele kleine, oder auch ein bis zwei ganz große Sporen (Sp) enthalten. Zwischen den Schläuchen befinden sich die viel schmäleren Paraphysen (p) oder

106   Die Flechten

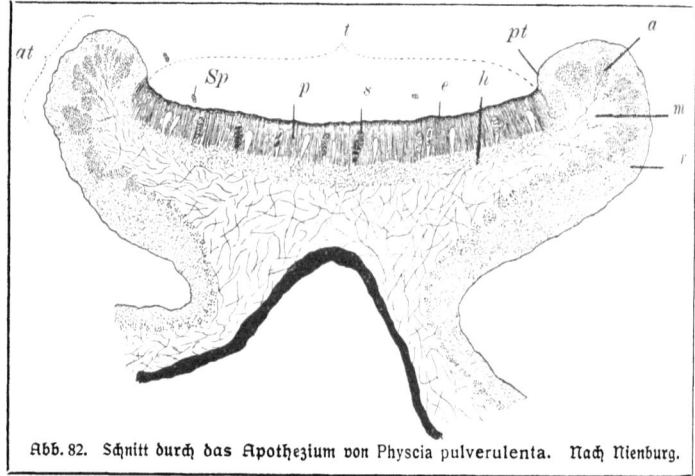

Abb. 82. Schnitt durch das Apothezium von Physcia pulverulenta. Nach Nienburg.

Füllfäden, die einfach oder verzweigt sein können und manchmal zu einer strukturlosen gallertigen Masse verschwimmen. Sie sind länger als die Schläuche und bilden oberhalb die außen sichtbare Scheibe oder das Epithezium (*e*), dessen oft lebhafte Färbung durch die Paraphysenspitzen hervorgerufen wird. Unter der Schlauchschicht befindet sich der Fruchtboden oder das Hypothezium (*h*). Diesem entspringen sowohl die Füllfäden als auch die Schläuche. Das Hypothezium schließt die Schlauchschicht schüsselförmig ein, tritt am Rande nach außen hervor, bildet dadurch das eigene Gehäuse der Frucht, das Parathezium (*pt*), das aber nur bei dunkler Färbung auffällig ist. Die bisher genannten Schichten sind alle ein Erbteil des Pilzes, sie werden eingeschlossen durch eine Neuerwerbung der Flechte, das Lagergehäuse oder Amphithezium (*at*). Es ist gewöhnlich wie der Thallus der betreffenden Flechte gebaut; man findet also von außen nach innen Rinde (*r*), Algenschicht (*a*) und Mark (*m*), das sich entweder direkt an das Hypothezium anschließt, oder unter Einschaltung einer zweiten Algenschicht.

Natürlich ist dieses thallinische Apothezium sehr variationsfähig, besonders tritt die Tendenz hervor, seine assimilatorischen Fähigkeiten durch Streckung des Lagergehäuses zu steigern. Die höchste Stufe hat diese Entwicklung in den oben erwähnten Podetien der Clado=

6. Die Fortpflanzungsorgane 107

nien gefunden (Abb. 81). Diese sind zwar insofern den Apothezien nicht homolog als das fruktifikative Gewebe nicht unten im horizontalen Thallus, sondern erst oben in den Podetiumzweigen angelegt wird, aber man wird doch nicht fehl gehen, wenn man annimmt, daß die Podetien sich stammesgeschichtlich aus gestreckten Amphithezien entwickelt haben. Die Basidiolichenen haben genau dieselben Fortpflanzungsorgane wie die Basidiomyzeten.

Genauer müssen wir auf die Entwicklung der Frucht eingehen, weil die Flechten hier eine Reihe eigenartiger Züge aufweisen. Man findet nämlich nach einer weit verbreiteten Ansicht noch heute die Trichogyn- und Spermatienbefruchtung, von denen, wie wir oben sahen (S. 43 und 76), manche Forscher die Befruchtungsorgane der Askomyzeten und Uredineen ableiten möchten. Tatsache ist, daß bei sehr vielen Flechten als erstes Entwicklungsstadium der Frucht ein sogenanntes Karpogon gefunden wird; es besteht aus einer vielzelligen Hyphe, deren unterer, in das Thallusgewebe eingeschlossener Teil schraubig oder unregelmäßig knäuelig gewunden ist und den Namen Askogon führt, während der obere, die Trichogyne, gerade verläuft und mit der letzten Zelle über die Oberfläche hinausragt (Abb. 82 b). Aus dem Askogon entstehen die askogenen Hyphen, die sich in dem

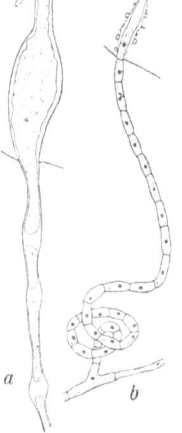

Abb. 83. Trichogyne und Karpogon von Collema crispum. Nach Baur.

Hypothezium der jungen Frucht ausbreiten und später die Asken bilden. Die Trichogyne hat ihren Namen teils von der haarförmigen Gestalt, teils von der ihr zugeschriebenen Funktion. Die nach außen vorragende Zelle soll nämlich die im Regenwasser auf der Thallusoberfläche herumschwimmenden kleinen Spermatien auffangen. Man stellt sich vor, daß dann eine Verbindung zwischen Trychogynspitze und Spermatium eintritt, durch die der männliche Kern in das Karpogon einwandert. Das Ankleben von Spermatien an der Trichogynspitze hat man oft gesehen, auch die offene Verbindung zwischen Spermatium und Trichogyn ist in einigen Fällen beobachtet worden (Abb. 83 a), aber von dem eigentlichen Befruchtungsvorgang wissen wir nur, daß in den Trichogynzellen Verquellungen der Wände zu sehen sind, und daß sie abstirbt, bevor die askogenen Hyphen ent-

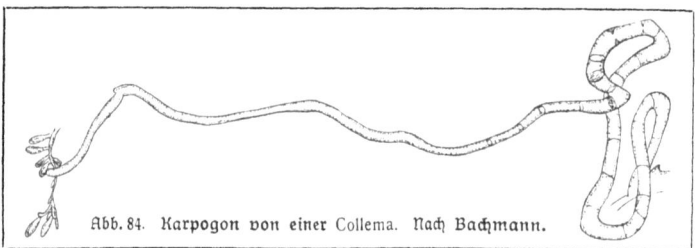
Abb. 84. Karpogon von einer Collema. Nach Bachmann.

stehen (Stahl, Baur). Von den Kernverhältnissen wissen wir nichts. Nun hörten wir ja, daß die trichogynartigen Bildungen bei den Askomyzeten ihren Namen nicht verdienen (S. 43). Unter diesen Umständen ist es sehr verständlich, daß viele Forscher an der sexuellen Funktionsfähigkeit der Trichogyne zweifeln, zumal es Möller auch gelungen ist, die Spermatien zum Keimen und zur Entwicklung eines kleinen Thallus zu bringen. Deshalb werden diese von vielen gar nicht für Befruchtungsorgane, sondern für ungeschlechtliche Sporen oder Konidien gehalten. Dazu kommt noch, daß vor einigen Jahren Bachmann bei einem amerikanischen Collema einen ganz anderen Befruchtungstypus gefunden hat. Hier bleiben die Trichogynen innerhalb des Thallus und wachsen auf kleine ebenfalls innerhalb des Thallus befindliche Zellen zu, mit denen sie sich dann vereinigen (Abb. 84). Es ist bei dieser Flechte auch eine Einwanderung des Kernes der kleinen Zelle in die Trichogyne festgestellt. Das sind also Verhältnisse, die sich wohl mit denen bei Pyronema vergleichen lassen, und es erscheint nicht ausgeschlossen, daß weitere Untersuchungen noch mehr Übereinstimmungen zwischen der Fruchtentwicklung der Askomyzeten und der Flechten zutage fördern werden.

Die sogenannten Spermatien entstehen in besonderen Behältern, den Spermogonien (Abb. 85a) und unterscheiden sich dadurch von den meist frei an der Oberfläche vorkommenden Konidien des Askomyzeten. Man nennt sie deshalb, wenn man den Standpunkt betonen will, daß es sich um asexuelle Fortpflanzungsorgane handele, Pyknokonidien und ihre Bildungsstellen Pykniden (pyknós gr. = dicht verschlossen). Die Spermogonien oder Pykniden sind rundliche oder flaschenförmige Höhlungen im Flechtenkörper, die entweder eingesenkt sind, oder papillenartig aus dem Thallus hervorragen. In der Flächenansicht bemerkt man von ihnen gewöhnlich nichts als ein

6. Die Fortpflanzungsorgane

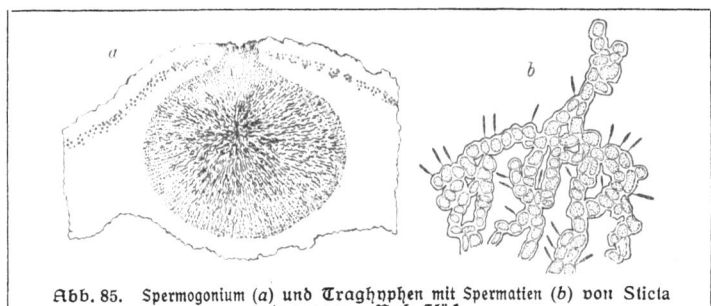

Abb. 85. Spermogonium (*a*) und Traghyphen mit Spermatien (*b*) von Sticta pulmonacea. Nach Glück.

kleines schwarzes Fleckchen, das ist das Ostiolum, eine enge Öffnung, durch die sie mit der Außenwelt in Verbindung stehen. Die Spermogonien haben eine feste Wand, die ihre Höhlung von dem Thallusgewebe scheidet. Aus dieser Wand entspringen die vielfach verzweigten Traghyphen (Abb. 85 *b*), die an sehr feinen Auswüchsen die Spermatien abschnüren. Nach dem Bau der Traghyphen lassen sich eine Reihe von Typen konstatieren, die man zum großen Teil bei den Askomyzeten nicht antrifft. Deswegen wird man die Spermogonien als charakteristische Organe der Flechten bezeichnen müssen, wenn wir auch über ihre physiologische Bedeutung einstweilen nichts Endgültiges sagen können.

Die Pilzkomponente allein ist nicht befähigt, die ganze Flechte zu reproduzieren; die aus den Schlauchfrüchten ausgeschleuderten Sporen müssen erst mit ihren Keimschläuchen die richtigen Algen aufsuchen. Das gelingt nicht allen, viele gehen dabei zugrunde. Solchen Unsicherheiten entgeht eine Anzahl von Formen, welche Hymenialgonidien besitzen. Mit dem Namen Hymenium (hymēn gr. = Haut) bezeichnet man die Schlauchschicht, der wir oben den Namen Thezium gaben und Gonidien hießen in früherer Zeit die Algenzellen. Diese Hymenialgonidien sitzen zwischen die Schläuche und Paraphysen eingeklemmt (Abb. 86); sie werden ausgeschleudert, wenn die Schlauchsporen aus ihren Behältern hervorschießen, so daß dann auf dem Substrat Algen und Pilzsporen gleich bei-

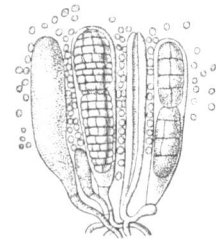

Abb. 86. Hymenialgonidien von Endocarpon pusillum. Nach Stahl.

110 Die Flechten

sammen liegen. Die keimenden Sporen erreichen mit ihren Keimschläuchen schon nach ganz kurzer Zeit die Algen.

Aber es sind nur ganz wenige Arten, die es zu dieser interessanten neuen Erwerbung gebracht haben. Bei den anderen müssen regelmäßig viele der Askosporen nutzlos verschossen werden, und deshalb hat die Verbreitung durch die Sporen an Bedeutung verloren. Manche Apothezien bilden gar keine Sporen mehr aus und viele Flechtenarten tragen selten oder nie Apothezien. An ihre Stelle sind in vielen Fällen die Soredien getreten, eine ganz spezifische Neuerwerbung. Zur Bildung derselben zerfällt der Thallus der Flechten meist partiell in Körperchen, die aus einigen von Pilzhyphen umsponnenen Algenzellen bestehen (Abb. 87 b); sie enthalten somit gleich beide Komponenten und können unter günstigen Bedingungen sofort zu einer neuen Flechte auswachsen. Die Soredien werden häufig in besonderen, scharf umschriebenen Brutstätten, den Soralen (soros gr. = Behältnis) gebildet (Abb. 87 a).

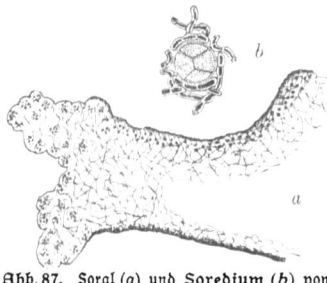

Abb. 87. Soral (a) und Soredium (b) von Parmelio physodes. Nach Bitter und Nienburg.

Da man bei den Pertusariazeen die Entwicklung der Sorale auf bestimmte Hyphenbildungen zurückführen konnte, die in ihren chemischen Reaktionen mit den Karpogonhyphen übereinstimmen, so hat man die Theorie aufgestellt, daß die Sorale metamorphosierte Apothezien seien. Dieser Auffassung stehen aber mancherlei Schwierigkeiten entgegen. Zunächst haben die Primärhyphen der Sorale in ihrer Gestalt wenig Ähnlichkeit mit den gewundenen Karpogonen. Außerdem führt die Theorie zu der gezwungenen und unwahrscheinlichen Vorstellung, daß die vielen nicht in Soralen entstehenden Soredien mit den anderen nicht homolog sind. Dann darf auch nicht unerwähnt gelassen werden, daß die stillschweigende Voraussetzung der Theorie, die Soredien seien, als die eigentlich charakteristischen und den Bedürfnissen der Flechten am besten entsprechenden Fortpflanzungsorgane, auf dem Wege, die Apothezien allmählich völlig zu verdrängen, durchaus nicht unbestritten ist. Es wird nämlich die Soredienbildung auch als bloße Reaktion auf besondere Verhältnisse auf-

gefaßt: Wenn das Feuchtigkeitsoptimum einer bestimmten Flechten=
art dauernd überschritten wird, sollen die Algen so viel besser wachsen
als der Pilz, daß sie die Rinde durchbrechen und als graugrüner
Soredienstaub hervorquellen. Tatsache ist, daß die Algen in den So=
ralen viel stärker wuchern als in anderen Thallusteilen, und daß
die Sorediendildung hauptsächlich an dunkeln, feuchten Standorten
zu finden ist. Auch kommen die keimenden Soredien an solchen Orten
häufig nicht zu richtiger Thallusbildung, sondern wuchern in ihrer
Entwicklungsform weiter, wobei sie oft große Flächen mit ihren stau=
bigen Massen in leuchtenden Farben bedecken, was als Lepra=
bildung bekannt ist.

7. Die Lebenserscheinungen.

Die Flechten sind bekannt als die „Pioniere der Pflanzenwelt",
weil sie die extremsten Standorte, wo keine andere Pflanzengruppe
mehr Fuß fassen kann, mit Vorliebe besiedeln. Auf den höchsten
Felsklippen der Gebirge, in den Tundren der Polarländer, wenn sie
nur einige Monate schneefrei sind, auf den trockensten Baumrinden
— überall finden sich Flechten. Es sind zwei Eigenschaften, die sie
hierzu befähigen, erstens die eigene Assimilationsfähigkeit,
die sie nicht wie die Pilze von den Nährstoffen der Unterlage ab=
hängig macht, und zweitens ihr außerordentlich geringes Wasser=
bedürfnis. Besonders dieses letztere ermöglicht ihnen ihre eigen=
artige Lebensweise, denn alle häufigeren Standorte der Flechten sind
trocken; man denke nur an Mauern, Dächer, Heiden, Straßendämme,
wo sie außer an den obengenannten Fundorten hauptsächlich vor=
kommen. Solche Stellen sind auch in Gegenden mit reichlicheren Nieder=
schlägen physiologisch trocken, d. h. bald nachdem der Regen aufge=
hört hat, ist alles Wasser abgelaufen oder verdunstet. Die Flechte
ist also im wesentlichen auf das herabfallende Regenwasser ange=
wiesen oder den eben gebildeten Tau bzw. den Nebel. Diese Flüssig=
keitsmengen kann sie nun aber wegen ihrer leichten Benetzbar=
keit auch völlig ausnützen. Jeder Tropfen, der auf eine trockene
Flechte trifft, dringt sofort ein. Dies hat natürlich wieder den Nach=
teil, daß das Wasser nicht gespeichert werden kann: ebenso schnell
wie es bei Regen eindringt, verdunstet es bei Sonnenschein. Wenn
nun auch, wie man behauptet hat, manche Flechten vielleicht Wasser

in Dampfform aufnehmen können — es soll bis 37% des Gewichtes hygroskopisch eindringen — so werden im allgemeinen doch Perioden von Wasserüberfluß mit solchen völliger Austrocknung schroff und häufig abwechseln. Diese Trockenheitsperioden können die Flechten unter Umständen sehr gut Monate lang aushalten, aber sie sind nicht, wie man wohl gemeint hat, notwendig für ihr Gedeihen. Da man sie in der Kultur in mäßig feuchtem Zustande dauernd halten kann, würden sie wahrscheinlich in der freien Natur an entsprechenden Stellen wachsen können, wenn sie dort nicht durch die Konkurrenz schneller wachsender Pflanzen verdrängt würden, die Flechten gehören nämlich zu den am langsamsten wachsenden Pflanzen, die man kennt. Zum Teil sind daran natürlich wieder ihre erschwerenden Lebensbedingungen schuld, aber auch wenn man eine verhältnißmäßig schnell wachsende Peltigera in einer feuchten Kammer in Kultur nimmt, erhält man nicht mehr als 3—4 cm Jahreszuwachs. In der freien Natur sind die Werte sehr viel geringer und man geht wohl nicht fehl, wenn man handgroße Flechtenthalli an alten Bäumen für ungefähr ebenso alt schätzt, wie den Baum selbst, oder mehrere Dezimeter dicken Cladonia-Rasen Hunderte von Jahren zuschreibt.

In der letzten Zeit sind einige genauere Beobachtungen über die Wachstumsgeschwindigkeit der Flechten bekannt geworden. So hat man in der Natur bei Peltigera, die, wie oben erwähnt, bei günstigsten Lebensverhältnissen 3—4 cm Jahreszuwachs hat, nur 1,75 cm gefunden. Bei anderen Flechten fand man Werte, die zwischen 1,3 cm und 0,2 cm schwanken. Eine gute Vorstellung von dem langsamen Wachstum der Flechten vermittelt auch eine Entwicklungsreihe, die in Abb. 88 wiedergegeben ist. Sie stellt Keimlinge von 1—7 Jahren dar. In den Figuren *a—e* sind sie links in 12facher Vergrößerung und rechts in natürlicher Größe wiedergegeben, in *f* und *g* nur in natürlicher Größe.

Neben dem langsamen Wachstum gibt es noch eine Eigentümlichkeit, die den Flechten oft verhängnisvoll wird, das ist ihre Empfindlichkeit gegen Verunreinigungen der Luft. Auch an den ältesten Bäumen städtischer Gärten, oder in industriellen Gebieten findet man keine Flechten. Erst wenn man das Weichbild der Stadt verläßt, treten sie, zuerst in kümmerlichen Exemplaren, wieder auf.

7. Die Lebenserscheinungen

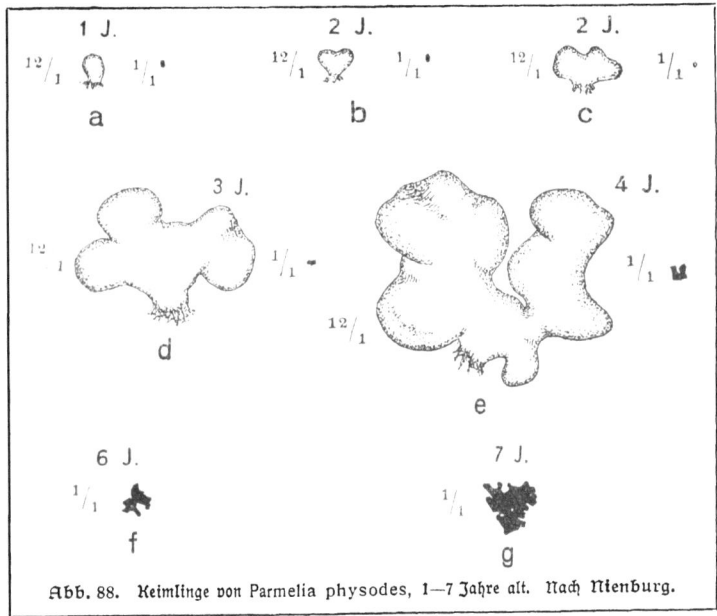

Abb. 88. Keimlinge von Parmelia physodes, 1—7 Jahre alt. Nach Nienburg.

Gute Luft ist also eine der Hauptbedingungen der Flechtenvegetation. Eine andere ist **helles Licht**. Davon kann man sich an jedem Waldrande überzeugen. Während die Lichtseiten der Randbäume dicht mit Flechten bewachsen sind, findet man an den nächsten Bäumen schon weniger und im dichten Bestand fast gar keine Flechten mehr. Natürlich gilt dies nicht unterschiedlos für alle Formen, es gibt auch, wie schon gelegentlich erwähnt wurde, Flechten, die an schattigen Standorten fortkommen, aber das ändert nichts daran, daß man die Flechten im ganzen als eine lichtliebende Pflanzengruppe bezeichnen muß.

Wir haben verschiedentlich die Unabhängigkeit der Flechten vom Substrat erwähnt und ihr Verhalten im Gegensatz zu dem der Pilze gestellt. Wir sahen auch, daß dieser Zustand erst allmählich erreicht wird, und daß die Krustenflechten noch in enger Verbindung mit der Rinde oder dem Stein stehen, auf dem sie wachsen. Aber auch bei denjenigen Rindenflechten, die ziemlich tief in die Unterlage eindringen, vermögen die Hyphen nicht die Zellulosewände zu durchbohren, sie halten sich vielmehr an vorhandene Interzellulargänge und sonstige Lücken. Demgemäß vermögen sie keine lebenden Zellen zu töten, und sie können den Bäumen nur schaden, wenn diese kümmerlich wachsen. Dann übertrifft der jährliche Zuwachs an Flechten den an jungen Holz, so daß auch die kleinsten Zweige von ihnen eingehüllt und in ihren Funktionen gehemmt werden.

Sehr interessant ist das Verhältnis der Steinflechten zu ihrem Substrat. In Kalkstein dringen die an ihn angepaßten Flechten bis zu 2 cm Tiefe ein und versenken ihren Thallus oft so weit, daß nur die Öffnungen der Fruchtkörper herausschauen. Es ist das nur durch die Annahme zu erklären, daß die Hyphen Säuren ausscheiden, die den Kalk lösen. Mit dem Gehalt an kohlensaurem Kalk in dem Substrat wird eine anatomische Eigentümlichkeit in Verbindung gebracht, die sich hauptsächlich bei Kalkflechten findet, die Sphäroidzellen und Ölhyphen. Es sind angeschwollene Zellen oder Zellreihen, die ein fettes Öl enthalten. Nach der einen Auffassung ist es ein Exkret und entsteht aus der Kohlensäure, die bei der Zersetzung des Calciumkarbonats durch die Flechtenhyphen frei wird. Nach der anderen stellt das fette Öl einen Reservestoff dar, weil es vereinzelt auch bei Flechten vorkommt, die auf einem an kohlensaurem Kalk armen Substrat wachsen. Aber nicht nur der verhältnismäßig weiche Kalkstein wird von den Flechten angegriffen, sondern auch die auf Urgestein vegetierenden ätzen ihre Unterlage an. Sicher ist, daß Glimmer, aber auch Orthoklas und Granat, und wahrscheinlich, daß Quarz von den Flechtenhyphen angegriffen werden. So sind die Flechten nicht nur in dem Sinne „Pioniere", daß sie die ersten Pflanzenvertreter sind, die ein jungfräuliches Gebiet besiedeln, sondern auch insofern, als sie dieses Erdreich zersetzen helfen und für höhere Pflanzen bewohnbar machen.

Dieses Verhalten der Steinflechten zu ihrem Substrat ist ein Hinweis auf den komplizierten Chemismus im Flechtenkörper, dessen wichtigstes Produkt die Flechtensäuren sind. Dies sind spezifische Flechtenstoffe, die im Stoffwechsel anderer Pflanzen nicht vorkommen, von säureartigem Charakter. Man hat allmählich etwa 150 Flechtensäuren kennen gelernt, davon gehören zwei Drittel der aromatischen Reihe und ein Drittel der Fettreihe der Kohlenwasserstoffe an. Die Frage, wie diese spezifischen Flechtenprodukte durch die Tätigkeit der

7. Die Lebenserscheinungen

Symbionten zustande kommen, ist noch ungelöst, wenn auch Tobler vielleicht den Anfang dazu gemacht hat. Er fand, daß Reinkulturen des Pilzes von Xanthoria parietina das für die Flechte charakteristische Parietin nicht bilden können. Die Säure trat erst auf, wenn er seinen Kulturen Algenzellen zufügte. Jedenfalls sind es für den Stoffwechsel nicht mehr in Betracht kommende Exkrete, die in Kristallform außen an den Hyphen abgeschieden werden. Man hat die Flechtensäuren als Schutzmittel gegen Tierfraß betrachtet, aber das ist, wenn nicht ganz unrichtig, doch nur in sehr beschränktem Maße der Fall. Bei reichlicherem Vorkommen sind sie häufig durch schöne mikrochemische Farbreaktionen leicht kenntlich. Das gibt ihnen bei ihrer weiten Verbreitung über die ganze Gruppe — mit Ausnahme der Gallertflechten — eine gewisse systematische Bedeutung. Besonders seitdem nachgewiesen ist, daß innerhalb kleinerer oder größerer systematischer Einheiten gewisse, oft höchst auffällige chemische Übereinstimmungen, andererseits auch wieder auffällige Verschiedenheiten auftreten. Man hat diese Beziehungen bestritten, weil das Vorkommen der Flechtensäuren von dem Substrat abhängig sei. Aber es ist heute wohl sicher, daß geographische Verbreitung, Art der Unterlage und Jahreszeit wohl für die Quantität, aber nicht für die Qualität der in den Flechten auftretenden Säuren von Bedeutung ist (Zopf).

Nicht nur die Exkrete der Hyphen sind spezifische Flechtenprodukte, sondern auch die Hyphen selbst weisen charakteristische chemische Eigentümlichkeiten auf. Ihre Grundlage ist wohl ein Kohlehydrat, das sich auch in den Pilzmembranen findet, die Pilzzellulose. Im weiteren Verlauf der Entwicklung erfahren aber die Membranen sehr vieler Flechtenhyphen chemische Umwandlungen, als solche ist besonders das Lichenin bekannt.

Nach neuen Untersuchungen von Sernander und Nienburg ist die von uns betonte Unabhängigkeit der Flechten vom Substrat insofern eingeschränkt, als gezeigt wurde, daß manche Flechten auf von außen zugeführte Nährstoffe angewiesen sind. So finden sich eine Reihe von Flechten hauptsächlich aus den Gattungen Physcia und Xanthoria nur an Stellen, wo ihnen Stickstoffmengen zur Verfügung stehen: Nitrophile Flechten (philos gr. = Freund). Dieser Stickstoff wird in Form von Ammoniak aufgenommen, und es ist wahrscheinlich, daß Ammonsalze überhaupt die Hauptstickstoffquelle der Flechten sind.

Bei manchen muß der Stickstoffbedarf aber ganz außerordentlich gering sein, denn sie können schon die geringsten Spuren von Ammoniak nicht vertragen. Es sind hauptsächlich Angehörige der Gattungen Parmelia und Evernia, um die es sich da handelt: Nitrophobe Flechten (phobos gr. = Furcht). Charakteristischerweise sind das dieselben Flechten, die am empfindlichsten gegen Stadtluft sind, und die nitrophilen diejenigen, die sie am besten vertragen. Da nun nachgewiesen wurde, daß Stadtluft erheblich reicher an Ammoniak ist als Landluft, so ist wohl anzunehmen, daß es gerade das Ammoniak ist, das die Flechten aus den Städten ausschließt und nur den nitrophilen erlaubt, sich in ihre nächste Umgebung zu wagen.

Um den kurzen Abriß von den Lebenserscheinungen der Flechten wenigstens einigermaßen vollständig zu machen, müssen wir hier vor allem noch das erwähnen, was wir über den Gasaustausch wissen. Bei der Assimilation zersetzen die Algen die Kohlensäure und produzieren Sauerstoff. Der Pilz und auch die Algen verbrauchen dagegen Sauerstoff bei der Atmung und scheiden Kohlensäure aus. Das sind dieselben Vorgänge, wie wir sie von den höheren Pflanzen kennen; während dort aber feststeht, daß die belichteten assimilierenden Blätter mehr CO_2 zersetzen, als durch die Atmung produziert ist, widersprechen sich die betreffenden Angaben für die Flechten. Der Gasaustausch ist abhängig vom Wassergehalt, wird bei Lufttrockenheit sistiert und tritt in der Regel auch nicht wieder auf, wenn die Trockenheitsperiode über drei Monate dauert. Die Intensität des Gasaustausches steigt mit dem Wassergehalt, ihr Optimum liegt aber vor dem maximalen Wassergehalt. Viel geringer ist die Abhängigkeit von der Temperatur. Die niedrigste Temperatur für die Atmung ist $-10°C$, für die Assimilation gar erst $-30°$ bis $-35°C$, die höchste Temperatur für die CO_2-Zersetzung ist $+50°C$, während die Atmung bis zu $60°C$ hinauf fortgeht. Diese Anpassung des Gaswechsels an extreme Temperaturen kommt den oft schroffem Wechsel von Hitze und Kälte ausgesetzten Flechten natürlich sehr zustatten.

8. Geographische Verbreitung und systematische Gliederung.

Aus dem, was wir über die Lebenserscheinungen gesagt haben, ergibt sich, daß sie in dauernd trockenem und in feuchtwarmem Klima nicht besonders gedeihen können. In dem einen leiden sie unter Wasser-

8. Geographische Verbreitung und systematische Gliederung

mangel und im anderen unter der Konkurrenz der üppig und schnell wuchernden höheren Vegetation. Deshalb sind die Wüsten fast ohne Flechten, und das tropische Guyana z. B. dürfte kaum mehr als 200 Spezies enthalten, während Deutschland mindestens 1200 besitzt. Die Hauptmasse der Flechten findet sich in den gemäßigten und kalten Zonen, und je mehr man sich den Polen nähert, um so zahlreicher werden die Erd- und Steinflechten gegenüber den Rindenbewohnern, bis schließlich weite Länderstrecken, wie die nordischen Tundren, nur von Flechten bedeckt werden. Dabei ist die Artenzahl keine besonders große; dafür besitzen die einzelnen Arten eine sehr weite Verbreitung, manche kommen auf der ganzen Erde vor, und die meisten deutschen Rinden- und Holzflechten sind in ganz Europa heimisch.

Die Systematik ist von jeher ein schwieriges und unsicheres Gebiet gewesen, was sich darin dokumentiert, daß schon von den alten Lichenologen fast jeder sein eigenes System besaß. Seitdem wir wissen, daß zwei so verschiedene Pflanzengruppen wie Algen und Pilze sich in ihnen vereinigt finden, ist die Verwirrung noch schlimmer geworden. Die Einteilung in zwei, allerdings sehr ungleiche Gruppen, die Asko- und Basidiolichenen, ergibt sich von selbst. Die Schwierigkeiten beginnen erst bei der weiteren Einteilung der Askolichenen. Da sie eine ganze Reihe verschiedener Algen enthalten, so ist es klar, daß die Symbiose nicht einmal, sondern mehrfach entstanden ist. Die Askolichenen sind also eine polyphyletische Gruppe, deren Einteilung nach einem einheitlichen Gesichtspunkt unmöglich ist. Am natürlichsten wäre offenbar eine völlige Auflösung der Flechten als systematische Einheit und Anschluß der einzelnen Formen an die Pilzfamilien, aus denen sie entstanden sind. Da die Flechten sich aber als solche weiter entwickelt haben, so ist es einstweilen in den meisten Fällen nicht möglich, den Zusammenhang mit den zugehörigen Pilzen festzustellen. Man wird also aus Zweckmäßigkeitsgründen die systematische Klasse Lichenes beibehalten und bei ihrer Gliederung insofern einen Kompromiß eingehen müssen, als man auch den Algen eine gewisse Wichtigkeit zuerkennt.

Als Beispiel sei im folgenden das System von Reinke mitgeteilt, unter Benutzung einer Zusammenstellung von Darbishire:

I. Ordnung: Coniocarpi. Die Schlauchschicht ist staubig aufgelöst.

II. Ordnung: Discocarpi. Die Schlauchschicht bildet eine offene Scheibe.

Reihe 1: Grammophori. Apothezium mehr oder weniger lang-gestreckt. In Symbiose mit Chlorophyzeen.

Reihe 2: Lecideales. Apothezium radiär. Ohne Algen im Gehäuse. In Symbiose mit Chlorophyzeen.

Reihe 3: Parmeliales. Apothezium radiär. Mit Algen im Gehäuse. In Symbiose mit Chlorophyzeen.

Reihe 4: Cyanophili. In Symbiose mit Cyanophyzeen.

III. Ordnung: Pyrenocarpi. Mit krugförmigen Fruchtkörpern.

Sachregister.

Albugo 22
Algenpilze 13
Allelositismus 98
Amphithezium 106
Amanita 90
Antheridium 15
Apothezium 52
Armilla 90
Armillaria 90
Äscherich 46
Askogene Hyphen 37
Askogonium 36. 107
Ascomycetes 34
Askomyzetenhafen 38. 82
Askus 35
Aspergillazeen 44
Aspergillus 44
Atemporen 103
Auricularineae 77
Außenschlauchpilze 53
Autobasidiomycetes 76
Autotrophe Ernährung 6
Äzidien 64
Äzidiosporen 65

Basidien 58
Basidiolichenen 94. 107
Basidiomycetes 58
Basidiospore 64. 75
Biologische Formen 69
Birkenpilz 87
Birnenrost 68
Blätterpilze 87
Blattflechten 102
Boletus 87
Bordeauxbrühe 23
Botrytis 52
Bovista 85
Brandbekämpfung 59
Brandpilze 58
Brandsporen 76
Braunrost 68
Butterpilz 87

Cetraria 103
Champignon 88. 90
Chlamydosporen 16
Chromosomen 9
Chromosomenreduktion 13. 32. 40. 74
Chroococcus 97
Chroolepidazeen 94

Chytridineen 14
Cladonia 104. 112
Clathrus 86
Clavaria 86
Claviceps 49
Coenogonium 95
Coleosporium 77
Collema 96. 108
Collematazeen 95
Coprinus 79. 88. 89
Cora 97
Cordiceps 49
Cyanophyzeen 94

Dasyscypha 52
Discomycetes 51
Dictyonema 97

Eipilze 13
Eizellen 14
ektotroph 92
Empusa 33
Endocarpon 109
Endophyllum 75
endotroph 92
Entomophtorazeen 33
Ephebe 97

Sachregister

Epithezium 106
Ernährung 6
Erysiphazeen 45
Evernia 103
Exoascineae 53
Exobasidineen 83
Exobasidium 83

Flechten 92
Flechtenalgen 94
Flechtenpilze 94
Flechtensäuren 114
Florideentheorie 43. 76
Flugbrand 60
Fomes 87
Fungi imperfecti 51
Fusicladium 51

Gametangium 24
Gameten 24
Gärung 57
Gasteromyzeten 84
Gedeckter Brand 60
Gemmen 32
Generationswechsel 33
Gymnosporangium 68

Halbflechten 94
Hallimasch 90
Hausschwamm 10. 87
Haustorien 11. 99
Hefe 55
Helotazeen 52
Helvellazeen 53
Heterogamie 25
heteromer 95
homoiomer 95
Hydnum 87
Hymenialgonidien 109
Hymenomyzeten 86
Hyphe 7
Hypochnus 78
Hypokreazeen 48
Hypothallus 97
Hypothezium 106

intercalar 96

Isidien 103
Isogamie 25

Jochpilze 26

Karpogon 107. 110
Keimsporangium 33. 42
Kephalodien 98
Kern, Kernteilung 8
Kernkörperchen 9
Keulenpilze 86
Knollenblätterpilze 90
Konidien 20
Kopulationspapille 23. 41
Krebsgeschwülste 48
Kronenrost 68
Krustenflechten 102

Lagergehäuse 106
Laboulbeniazeen 43
Lagerstiele 104
Lecidea 96
Lepräbildung 111
Leptomitus 18
Lycoperdon 85

Maronenpilz 87
Mehltaupilze 45. 46
Merulius 10. 87
Metatrophe Ernährung 6
Monoblepharidazeen 14
Monoblepharis 15
Morchella 53
Mucor 27. 28
Mukorazeen 28
Mutterkorn 48
Myzel 10
Myzelhäute 10
Myzelstränge 10
Mykorrhiza 91
Mykosen 29

Nectria 48
Nitrophile Flechten 115
Nostoc 95
Nostocazeen 94

Ohrlöffelpilz 87
Oidium 46
Ölhyphen 114
Oogonium 14
Oomycetes 13
Otomycosis 29

Paarkernmyzel 80
Paraphysen 37. 106
Parasitismus 6. 20. 100
Parasymbiose 98
Parathezium 106
Parmelia 96. 103
Peltigera 98
Penicillium 44
Peridermium 68
Perisporineae 45
Perithezium 47
Peronosporazeen 20
Pertusaria 100. 102
Pezizazeen 52
Phallus 85
Phasenwechsel 33. 42
Phragmidium 67
Phycomycetes 13
Physcia 103. 106
Phytophtora 22
Pilobolus 29
Pilzzellulose 7
Placodium 103
Plasmopora 22
Plectascineae 44
Plektobasidineen 83
Pleurococcus-Algen 94
Podetien 104. 106
Polyporus 87
Polystigma 43
Protococcazeen 94
Prothallus 96
Protoplasma 8
Protothallus 97
Psalliota 88. 90
Puccinia 64
Pykniden 108
Pyrenomycetes 47
Pyronema 35. 108

Sachregister

Rhizina 53
Rhizinen 96
Rhizocarpon 98. 102
Rhymboricarpus 98
Röhrenpilze 87
Rosenrost 67
Rostepidemieen 70
Rostpilze 64
Russula 91

Saccharomycetes 55
Saprolegnia 18
Saprolegniazeen 17
Saprophyten 6
Satanspilz 87
Scheibenpilze 52
Schiebehyphen 100
Schlauchpilze 34
Schnallenhyphen 81
Schorf 50
Scleroderma 83
Sclerotinia 52
Scytonema 97
Secale 49
Sexualakt 13
Sirosiphon 97
Sklerotien 11
Soral, Soredium 110
Sparassis 86
Spargelrost 67

Spermogonien 64, 108
Spermatium 43. 76. 107
Sphäriazeen 50
Sphäroidzellen 114
Sphaerobolus 84
Sphaerotheca 47
Sporodinia 26
Sproßmyzel 12
Stachelpilze 86
Ständerpilze 58
Steinflechten 114
Steinpilz 87
Sticta 98. 105. 109
Strauchflechten 103
Stroma 48
Symbiose 92

Taphrina 54
Täublinge 91
Teleutospore 67. 73
Teuerling 85
Thallus 95
Thamnidium 31
Thelephora 97
Thelidium 94
Thezium 105
Tilletiazeen 61
Tintenpilze 90
Trichogyne 36. 76. 107
Trüffelpilze 53
Tuberineae 53

Umbilicaria 105
Uncinula 46
Uredineae 64
Uredolager 66
Uromyces 68
Usnea 104
Ustilaginazeen 61
Ustilagineae 58
Ustilago 58

Vakuole 8
Velum 90
Venturia 51
Volva 90
Vorlager 96

Wirtswechsel 65

Xanthoria 99. 103
Xylaria 50

Zentriol 9. 40
Ziegenlippe 87
Zoophagus 19
Zoosporangium 16
Zwischenzelle 72
Zygomycetes 26
Zygorynchus 27

In der Reihe der **„Pflanzenkunde"** erscheinen weiter:
Algen. Moose und Gefäßkryptogamen. Einkeimblättrige Blütenpflanzen (Monokotyledonen). Blütenpflanzen (Dikotyledonen).

Botanisches Wörterbuch. Von Dr. O. Gerke. (Teubners kleine Fachwörterbücher Bd. 1). Geb. M. 20.—

Gibt in mehr als 5000 Stichwörtern eine sachliche und worterklärende Umschreibung der wichtigeren Pflanzennamen und botanischen Fachausdrücke, und zwar enthält es die lateinischgriechischen Artbezeichnungen und Gattungsnamen der Pflanzen, die wissenschaftlichen und deutschen Namen der Familien und größeren Gruppen, die nach Bau, Eigentümlichkeiten und Verwendbarkeit beschrieben werden.

Lehrbuch der Botanik. Von Prof. Dr. K. Giesenhagen. 8. Aufl. Mit 560 Textfiguren. Geh. M. 45.—, geb. M 50.—

Die Neuauflage des auf allen deutschen Hochschulen eingebürgerten Lehrbuches bringt die Botanik auf Grund der gegenwärtigen Anschauungen und neusten Untersuchungen in dem Umfange zur Darstellung, wie sie als allgemeinbildendes Fach und als Grundlage für speziellere biologische Studien auf den Hochschulen Medizinern, Pharmazeuten, Land- und Forstwirten u.a.m. gelehrt wird.

Pflanzenanatomie. Von Prof. W. J. Palladin. Nach der 5. russ. Aufl. übersetzt u. bearb. v. Privatdoz. Dr. S. Tschulok. Mit 174 Abb. Geh. M. 15.—, geb. M. 25.—

„Die Anlage und Schreibart des Buches ist klar und übersichtlich, die Ausstattung vornehm, und die Abbildungen sind geschickt gewählt und instruktiv. Es ist eine leicht faßliche Einführung in die Pflanzenanatomie für weiteste Kreise und wird für den Anfänger wie für den geübteren Botaniker in gleicher Weise unentbehrlich sein." **(Pharmazeutische Zeitung.)**

Pflanzenphysiologie. Von Prof. Dr. Hans Molisch. Mit 63 Abb. i. T. (ANuG Bd. 569.) Kart. M. 6.80, geb. M. 8.80.

„Noch fehlte bisher in der Teubnerschen Sammlung eine zusammenfassende Darstellung der Pflanzenphysiologie. Mit ihrer Darbietung hat der Feder Molischs tat der Verlag einen Griff ersten Ranges. Die Wiedergabe der wichtigsten Abschnitte des Gebietes an der Hand ausgewählter Beispiele und vorzüglicher Abbildungen ist geradezu meisterhaft."
(Deutsche medizinische Wochenschrift.)

Einleitung in die experimentelle Morphologie der Pflanzen. Von Geh. Hofrat Prof. Dr. K. von Goebel. Mit 135 Abb. Geb. M. 20.—

Der Inhalt zerfällt in fünf Abschnitte. Der erste behandelt als Einleitung die Probleme der experimentellen Morphologie, der zweite schildert die Abhängigkeit der Blattgestaltung von ersteren Faktoren, der dritte die Lateralität (d. h. die Arbeitsteilung zwischen Haupt- und Seitensprossen), der vierte die Regeneration, der fünfte die Polarität. Zahlreiche Abbildungen, mit wenigen Ausnahmen Originale, erläutern die Darstellung.

Zellen- u. Gewebelehre, Morphologie u. Entwicklungsgeschichte.
(Die Kultur der Gegenwart. Hrsg. v. Prof. P. Hinneberg. Teil III, Abt. IV, 2). 1. Botan. Teil. Unt. Redakt. v. Geh. Reg.-Rat Prof. Dr. E. Strasburger. Mit 135 Abbildungen. Geh. M. 35.—, geb. M. 47.—. 2. Zoologischer Teil. Unt. Redakt. v. Geh. Med.-Rat Prof. Dr. O. Hertwig. Mit 413 Abbildungen. Geh. M. 50.—, geb. M. 70.—

„Es ist ein wahrer Genuß, diese Arbeit zu lesen, man fühlt überall eine außerordentliche Sicherheit in der Darstellung, wie sie nur für jene populären Darstellungen kennzeichnend ist, die von Meisterhand geschrieben sind." **(Prometheus.)**

Verlag von B. G. Teubner in Leipzig und Berlin

Preisänderung vorbehalten

ANuG 675: Nienburg

Studien über die Zellteilung im Pflanzenreiche. Ein Beitrag zur Entwicklungsmechanik vegetabilischer Gewebe. Von Prof. Dr. K. Giesenhagen. Mit 13 Textfiguren und 1 lithographischen Doppeltafel. Geb. M. 6.—

Anleitung zur Kultur der Mikroorganismen. Für den Gebrauch in zoologischen, botanischen, medizinischen und landwirtschaftlichen Laboratorien. Von Prof. Dr. E. Küster. 3., verm. und verb. Aufl. Mit 28 Abb. Geh. M. 52.50, geb. M. 60.—

„Das Werk besitzt den Vorzug, daß es neben der Besprechung der Bakterien auch die Kultur anderer Mikroorganismen, wie der Myzetozoen, Algen, Pilze und der Protozoen behandelt." (Zeitschrift für allgemeine Physiologie.)

Bau und Leben der Bakterien. Von Prof. Dr. W. Benecke. Mit 105 Abbildungen. Geb. M. 37.50

„ . . . Die klare Gruppierung und die anschauliche, nichts Wesentliches übergehende Behandlung des Stoffes machen die Lektüre des Buches zu einem Genuß und bieten auch dem medizinischen Biologen viel des Interessanten und Lehrreichen." (Deutsche med. Wochensch.)

Das Mikroskop, seine wissenschaftlichen Grundlagen und seine Anwendung. Von Dr. A. Ehringhaus. Mit 76 Abb. im Text. (ANuG Bd. 678.) Kart. M. 6.80, geb. M. 8.80

Von den Grundlagen der geometrischen und physikalischen Optik wird die Wirkungsweise des einfachen und zusammengesetzten Mikroskopes abgeleitet und darauf seine Einrichtung und seine Handhabung beschrieben, wobei auf die wichtigsten Abarten, wie Ultramikroskop u. a. eingegangen wird. Außer der Beschreibung der Meß- und Präparationsmethoden findet der praktische Mikroskopiker viele für die Beobachtung nützliche Hinweise. Den Abschluß des zahlreiche Abbildungen enthaltenden Bandes bildet eine Darstellung der Anwendungen des Instrumentes auf den wichtigsten Gebieten wie seiner Geschichte.

Einführung in die Mikrotechnik. Von Prof. Dr. V. Franz und Studienrat Dr. H. Schneider. (ANuG Bd. 765.) Kart. M. 6.80, geb. M. 8.80

Eine Anleitung, die den Bedürfnissen des Anfängers entsprechend die gebräuchlichsten Untersuchungsmethoden beschreibt und dabei angibt, welches Verfahren in jedem Falle das für das betreffende Material geeignetste ist. Im Zoologischen Teil gelangen in der Hauptsache zur Darstellung: die Lebenduntersuchung, die Lebendfärbung, die Herstellung von Ganzpräparaten, Dünnschliffen und gefärbten Dünnschnittserien. Der Botanische Teil behandelt die Untersuchungsmethoden ohne Mikrotom, die Mikrotomtechnik und die Mikrochemie.

Wirkungsweise und Gebrauch des Mikroskops und seiner Hilfsapparate. Von Prof. Dr. W. Scheffer. Mit 89 Abb. Geh. M. 8.—, geb. M. 14.—

„. . . Der Verfasser erfüllt seine Aufgabe in einer sehr anschaulichen Darstellung, so daß ein vorzügliches, durchaus modernes Buch vorliegt, das in jeder Hinsicht empfohlen werden kann." (Annalen der Physik.)

Die Pilze. Von Dr. A. Eichinger. Mit 54 Abb. im Text. (ANuG Bd. 334). Kart. M. 6.80, geb. M. 8.80

„Das Gebotene ist nach Inhalt und Form durchaus ansprechend gehalten und vermag einen guten Einblick zu geben in die interessanten Lebensverhältnisse eines von der Laienwelt im allgemeinen nur sehr mangelhaft gekannten Reiches pflanzlicher Organismen." (Pädagogischer Jahresbericht.)

Die verbreitetsten Pilze Deutschlands. Eine Anleitung zu ihrer Kenntnis. Von Prof. Dr. O. Wünsche. Geb. M. 3.50

Dies Bestimmungsbuch sei besonders den Lehrern empfohlen. Denn die Kenntnis der Pilze vermitteln, ist dringendes Gebot des aufklärenden Unterrichts. Das sonst so schwierige Gebiet ist durch die klaren Tabellen Wünsches leicht zugänglich gemacht.

Verlag von B. G. Teubner in Leipzig und Berlin

Preisänderung vorbehalten

MIX
Papier aus verantwortungsvollen Quellen
Paper from responsible sources
FSC® C105338

If you have any concerns about our products,
you can contact us on
ProductSafety@springernature.com

In case Publisher is established outside the EU,
the EU authorized representative is:
**Springer Nature Customer Service Center GmbH
Europaplatz 3, 69115 Heidelberg, Germany**

Printed by Libri Plureos GmbH
in Hamburg, Germany